人生の結論

从容路过的人生

【日】小池一夫 著

中国青年出版社
CHINA YOUTH PRESS

图书在版编目(CIP)数据

从容路过的人生 /(日)小池一夫著；李凌洁译.
—北京：中国青年出版社，2020. 5
ISBN 978-7-5153-5950-2
Ⅰ.①从… Ⅱ.①小… ②李… Ⅲ.①成功心理－通俗读物 Ⅳ.①B848.4-49
中国版本图书馆 CIP 数据核字（2020）第025633号

JINSEI NO KETSURON
by KAZUO KOIKE

Original Japanese edition published by Asahi Shimbun Publications Inc., Japan
Chinese translation rights in simple characters arranged with Asahi Shimbun Publications Inc., Japan through Bardon-Chinese Media Agency, Taipei.

从容路过的人生

作　　者：〔日〕小池一夫
译　　者：李凌洁
策划编辑：刘　吉
责任编辑：胡莉萍　方芸文
美术编辑：佟雪莹
出　　版：中国青年出版社
发　　行：北京中青文文化传媒有限公司
电　　话：010-65511270 / 65516873
公司网址：www.cyb.com.cn
购书网址：zqwts.tmall.com
印　　刷：河北华商印刷有限公司
版　　次：2020年5月第1版
印　　次：2020年5月第1次印刷
开　　本：880 × 1230　　1 / 32
字　　数：130千字
印　　张：8
京权图字：01-2019-6511
书　　号：ISBN 978-7-5153-5950-2
定　　价：49.90元

目录

前言

我75岁时注册了推特，到现在已经七年了。每天我都在推特上和各个年龄层的人对话，从初中生到同龄人都有。除了国家大事我们无所不聊，因而我对四代人的想法都有了大致的了解。

我这七年发过的推特文里有一条最受争议，但也最多共鸣。

“有非常多的日本成年男性只能被称作‘有钱的孩子’，他们并不成熟，因为成熟男人不会去玩付费游戏，不会用可乐配饭，更不会去买附带‘握手券’的CD。如果想让他人认同自己是成熟的，那举止就得符合成熟男人的标准，不要一副孩子气。”

在我看来，这只是写出了一个事实：一部分成年男性对这丰富精彩的世界毫无兴趣，一心沉浸在孩童世界。但很多人并没有理解这段话，反而对我发起了猛烈的言论攻击。

有人愤怒地留言说：“我自己挣的钱，怎么花是我的自由，我一直保有一颗童心有什么错？”可我想反问这些长不大的成年人：“若你们不长大，那应该由谁来养育和保护你们的孩子呢？”

前几天我有位朋友去世了，他是公认的成熟男人，同时也是一位玩乐达人。他爱好古董，收集古书，如果去他家，还能看到家里摆放着大提琴。他懂酒，抽雪茄，并且还是个美食家。

但作为他的老朋友，我知道他几乎没有读过那些书，买来不过是为了装饰漂亮的书橱罢了。而且，他也不会拉大提琴。他看起来确实是一个品位很高的人，但他只是依靠着这些形式上的高品位度过了一生。

虽然他并不是真正的成熟，但一直到70岁去世，他都能让自己呈现出高品位的姿态，这一点我真的很佩服。到死都没有被拆穿的谎言，在某种意义上它就是真实的。

关系近的朋友都知道他的成熟是装出来的，但大家都接受，并愿意和他做朋友。大家都觉得，他虽然不是“真钱”，但却是非常有魅力的“假币”。

我和他或许算是同一类人。

一个成熟的人，其实就是一个有着“自己并不成熟，自己是个冒牌成年人”的自觉，但又在为自己走向成熟而付出努力的人。

这本书是我这80多年一路走来总结的一些人生感悟，如果您能通过此书获得一些变成熟的启发，那我真是荣幸至极。

第一章

关于人际关系

不要勉强地与人相处

之前读过一本非常有意思的书，写的是名人自杀的理由和经过，书里说许多人自杀是因为人际关系。如果说人们会因为人际关系而自杀，那么他们活着大概也是为了维系人际关系吧。并且在大多数的综合性自杀原因里，人际关系也是其中之一。

在我看来，大人和小孩在人际关系上的烦恼是差不多的。霸凌也好，喜爱也好，这些小孩世界里有的问题，大人世界里也会有；同样，大人世界里有的，小孩世界里也有。

只不过，成熟的大人之间有他们的相处法则。

在与他人相处之前，先要正确认识并接受自己。如果自己眼里的“我”与他人眼里的“我”存在差异，那这种人际交往从一开始就错位了。

要想和他人愉快相处，首先要能和自己愉快相处，这是非常重要的。

我活到82岁，身边剩下的都是一些不必勉强自己就能与之和睦相处的人。但在与他们的交往过程中，也不全是从未勉强过自己的。其中有一些人是我曾为了某个人而勉强过自己的，还有一些人是包容过我的一些过分要求的。

为什么我们到现在还能维持良好的关系呢？那是因为我们关系平等，且互相帮助。还有一点非常重要，即便我们在交往过程中会向对方提出过分要求，但我们都懂得适可而止。如果你一直向某人提过分要求，或是一直被某人提过分要求，那你们只是主人与奴仆的关系罢了。在这样一种关系里，一定会有人不满，最终这些人一定会分开。

“人啊，越是在意自己，就越难顾全自己。”这句话听上去可能有点不近人情，但意识到这一点，是人走向成熟的第一步。

幼稚的人无法理解别人对他并不是那么感兴趣这个事实，他会一味地说自己的事，一味地把自己的要求强加于人，他更加注意不到对方已经紧咬牙关憋在嘴里的叹息声。

我描述这种人为“自我沉迷”。

理想的相处方式应该是你给他人“东西”，他人也给你“东西”，互不相欠。

和对方在一起是高兴的，这才是舒服的人际交往状态。

当你感觉和某人相处很舒服，那其实并不是自然而然形成的。对方在相处之中是费了些心思的，只是你没有察觉到，对方承担了人际交往中麻烦的那一部分。

所以，你不能一味地享受这种舒服，而应该向创造出良好相处环境的对方给予回报，否则，你们的关系将难以维系。

如果不懂得“亲切”与“厚脸皮”只是一纸之隔这个道理，你将无法建立令人舒服的人际关系。有个有效的方法可以防止弄错“亲切”和“厚脸皮”，那就是“遵守礼节”。

不管关系多么亲密，不对，应该说关系越亲密越应该注意礼节。

与人舒服相处的关键就是不能忘了要“有礼节且保持关系平等”。

八面玲珑的人只会处处为难

“敬意”是人际交往中最重要的一个关键词。即便是两三年不曾见到的老朋友，我也会像两三天前刚见过一样地去招待。

双方互持的“敬意”会确定他们之间的距离，不仅是“心理上的距离”，交往时“态度上的距离”也随之被确定下来。

人与人之间的距离太近，也就意味着会依赖于对方，他们的关系就很容易破裂。

父母也好，上司也好，朋友也好，如果不摈弃“上下”“尊卑”的等级观念，那就很难建立好的关系。不论是上下级关系还是主仆关系，那都只是对各自身份的一种称呼罢了，他们之间的关系如何，取决于彼此是否互持敬意。

不要把与人相处想得太难。

当你有话想说，那就向对方打个招呼，让他听你说；如果没有必须要说的，那就闭上嘴巴，不要说废话；聊天的时候该沉默就沉默，对方说话的时候一定要认真听。这就是与人交流时的基本原则。

八面玲珑其实是寸步难行的根源。谁都不想被人讨厌，直到某天你会发现你对谁都是一脸的和颜悦色，习惯性地扮演好人角色，最终只会让自己为难。

与其八面玲珑，不如索性按照自己的喜好选择朋友，这样建立起来的人际关系会轻松许多。

一味地试图做一个大家都喜欢的人，反而可能被人利用。当你发现被人利用了的时候，虽说是自作自受，但你肯定会懊悔难过。

我在人际交往时最重视的就是“诚实”。在交朋友时我们应该诚实地遵从自己内心的声音，譬如，“我和这个人谈得来”“这个人和我不是一路人，还是保持距离比较好”，等等，这样才能建立起舒服的人际关系。

1+1=100

认识一个人，也就等于加入了他的朋友圈。如果再能与这个人的朋友建立联系的话，就有可能通过这个人结交到新朋友。

通过这样的方式，你可以不断拓展自己的人脉，并找到自己的挚友、恋人或伴侣。

这样的话，人与人的交往就不再是1+1=2，还有可能是1+1=10，1+1=100。

也就是说，你的朋友决定了你的生活。

人脉广的人在遇到困难的时候，往往能得到更多人的帮助或是获得更多的建议，什么都得靠自己来周旋解决的窘境也会减少。

人生在世，依靠新建立的人脉让自己更擅于拜托他人或是接受他人的好意，这一点非常重要。

我常去的那家老字号餐厅里有位长得非常可爱的女店员，因为是家知名的日式料亭，所以去光顾的客人也都是有头有脸的大人物。女孩拜托店里的客人介绍过对象，也去婚姻介绍所登记注册过，但一直到现在40多岁了还没找到心仪的人。

其实大家都知道为什么她找不着对象。来店里吃饭的客人都是一些层次较高的人，女孩以这些客人为标准来找，自然看不上条件一般的人。想找条件更好的这是人之常情，但女孩这样冷淡地拒绝掉介绍人认为合适的人选，她的人际交往也就一直停留在了1+1=0的阶段。

虽然她长得确实是非常可爱的，但周围的人都说她对对方的要求太高了，像她这样不考虑个人实际而只知吹毛求疵的人是很难找到对象的。

偶尔她的家人和我一起喝茶时也说，她这个人只会说自己的事，而不听别人在讲什么。这样的话，她根本注意不到自己的缺点，也没办法去改正它们，说起来她的性格真是不招人喜欢。

可爱的长相是短暂的，招人喜欢的性格才是人一辈子的财富。

不时有年轻人半自嘲地向我诉苦，说他不受欢迎，找不到对象。我给他的建议是不要一味地说自己的事情，人际交往是双方互动的过程，尊重对方的声音才能在交往中有所收获。

对于未来，谁都会感到不安和孤独，但自己能解决的事情就不要去麻烦别人。

没有人会找一个比自己问题还多的人来做伴侣，也没人会把看起来很麻烦的人介绍给别人。

这种人的人际关系别说1+1=100了，只怕是1+1=负数。

成熟的大人必须学会如何与人相处，以及如何把关系维持下去。

去见他吧，不需要套路

人与人的交往最重要的就是遵从自己的内心。

如果对方不联系你，你也不主动联系他；如果对方没说想见你，你也不会说想见他。像这种人际交往上的套路，简直就是浪费心思和时间。想听对方的声音，不妨给他打个电话；想念对方，就直接过去找他。

不管怎样，首先你得主动。你不主动表达，对方是不会知道的。等到了我这个年纪，很多人即便想见也见不着了。

所以特别是年轻人，不要自尊心太强，应该用实际行动来表达对对方的思念和喜爱。万事都得先见了面才会开始。

很多所谓的朋友都只是点头之交，但若能从这些朋友中找到挚友或伴侣，那真的是非常幸运了。但是大多数人都选择了点头而过，甚至因为被动而失去曾经珍惜的朋友。

最近有一台非常受欢迎的电视节目，是帮人寻找曾经的好朋友，看他们现在都在做什么。

节目每次找到的人都特别厉害，就连节目嘉宾都忍不住啧啧称赞道："哇，大家都变得那么厉害啊！"可我总是觉得有些不对劲儿，这些成功人士对曾经那么要好的朋友竟然可以切断联系，说不联系就不联系了？

在分别的时候，很少有人会说"永别了"，大多数人说的是"下次再见"，实际上他们可能再也不会见面了。这听起来让人难受，但现实就是如此。

所以，当你思念一个人的时候就应该当面告诉他。

不论是老人还是年轻人，生活的最大乐趣应该是通过认识很多朋友，让自己的生活变得丰富起来。懂得这个道理的人一定不会在人际关系上使用套路，而会去尽情享受与人相识的乐趣。

警惕身边的“能量小偷”

在我们的人际互动中，总有一种人会成为你前进路上的绊脚石。这种人只会一味地否定打击，从而削减对方的干劲。他们是一群能量小偷，我们必须谨慎防范。

记得小学时，有位不擅长数学的邻座女同学认真地解答出了一道题。当她兴高采烈地拿着答案去给老师看时，却挨了一顿批评，老师一口咬定是别人教她做的。那个场面我至今难忘。

若当时老师换一种态度，女同学是否会因此喜欢上数学也未可知。

成人世界也是一样，我们身边有许多这样的能量小偷，他们总是用一些负能量的语言来打击你。他们的潜意识里有着强烈的控制欲，又或是害怕他人会赶超自己的嫉妒心。

还有些能量小偷打着为你着想的幌子假装善意，我们更应当留心。

我有位医生朋友，高考时险些被强制更改志愿，只因为老师认为他肯定考不上。当时朋友和他老师吵了一架，但仍坚持不改志愿，最终他如愿考上了，现在已是一位非常优秀的医生。如果当初听从了老师的建议，恐怕完全就是另外一种人生了，一想到这些他就后怕。

还有一些人为了控制你，会说出类似“如果你再一意孤行，没有人可以保证你的未来”的话来恐吓你。

当然，我们不要将能量小偷与真心给自己建议的人混淆起来，这取决于你是想做自己想做的人，还是想变成他人希望你变成的人。只要自己信念明确，就能把二者区分开。

“最爱自己”才是真理

“人最爱的还是自己”，无论是参照他人还是反观自己，我都认为这是一句至理名言，在任何人身上都能得到验证。一个连自己都不爱的人是不可能去爱别人的。

每个人最为肯定的一定是自己，其次才是别人。一个人对他人的肯定是不会超过对自己的肯定的，所以，人的自我认识会决定他对世界的认识。

没有能力爱自己的人很容易会对他人产生恨意。换句话说，一个不知道如何爱自己的人，也同样不知道如何爱他人。

有些人对“爱自己的人”持负面态度，但我不以为然。那些懂得去爱自己的人都是优秀的人，因为那些人同样知道如何去爱别人。在过去，谦称儿子为“犬子”，爱人为“愚妻”，亦或是贬低自己，这些都被视为美德，但如今时代已经变了。

严于律己，善待他人，转一圈回来再加倍善待自己。

也正是因为对自己有自信，才会有能力去善待他人。人以群分，自信的人会互相吸引。

再多说一句，能保护好自己的人才有能力去保护他人，喜欢自己是与他人建立关系的重要前提。

喜欢或讨厌，
你可以自己决定

一想到当今社会不知有多少“键盘侠”，我就害怕得打哆嗦。

我的童年是在秋田县的一个小村庄度过的，那时候村里的美人就好比现在的环球小姐。毫不夸张地说，即便好几十年过去了，对我这82岁的老头子来说，当时一位美人在村里的祭祀活动上跳舞的场景仍旧历历在目。

而在当今的网络社会，村里的美人会被拿来和全世界的环球小姐们做比较，指点品鉴，满是苛责。

再比如，从我身边的妈妈圈，到小孩子们的非校方网络论坛或同学微信群，到处都是关于艺人们是瘦了还是胖了、某某又出轨了、外籍摔跤手等级如何等的八卦谣言，就好像他们知道真相或具备了评判他人的能力似的。

除此之外，这些“键盘侠”们容易陷入一个怪圈：他们在评议他人的同时，也会用同样的标准来审视自己。最终结果就是网上怪人不断增加，他们匿名在网上揭露他人缺点的同时，对自我的评价也很低，真可谓损人不利己。

我算是赶上网络普及末班车的那批人，比我再年长的，基本都不会用电脑。我既庆幸自己赶上了这趟末班车，但又觉得，如果不知道这尽是些“键盘侠”的网络世界也不错。

得以见到村里的美人我已经很开心了，虽然见识短浅，但那时候的我非常幸福。

不止网络，即使是在现实中，每个人说的话也都会夹带个人情感。因此，我始终坚守一条原则：不因传言、谣言去讨厌某人。反之，我也不愿意被没有交集的陌生人随意评价。

喜欢某人，或是讨厌某人，都由我自己决定。

我有一位外号叫“大喇叭”的年长的女性朋友，大家虽然带着嘲讽给她取了外号，但又会利用她来办一些事。

想散播某人的秘密或某人的坏话时，大家都会去找她，并叮嘱：“一定要替我保守秘密啊。如果你想和别人说，一定要告诉他这是个秘密，不要说出去。”

只要这样做了，那些关于某人的秘密或谣言必定在三天之内传遍整个朋友圈。

就好像落语[①]里的滑稽故事，那位女性朋友完全没有察觉自己被利用，反而十分乐意去散播这些谣言，实在可笑。

被利用的人们总是错以为这是别人对他的信任。就好像《国王的新衣》里赤裸的国王，以为一切尽在自己的掌控之中，其实不然。国王有那么多的奴仆，但谁也没有告诉他真相。

所以，每当听到感觉不妥的事情时，我一定会和本人确认。同时，基于礼貌，那些负面消息，特别是难以开口的事情，更应该去找本人问个明白。

关于别人的事，我只相信自己耳朵听到的，眼睛看到的。

我曾被许许多多的谣言困扰过，但这些问题出现时，正是检验人际关系的一个好机会。

谣言四起时，我非常感谢那些相信我为人的朋友；还有一些朋友认为，即便那些谣言是真的，那也无所谓。这些说出“那也无所谓”的朋友，是值得我一辈子去珍惜的朋友。

---

① 落语：日本的传统曲艺形式之一。无论是表演形式还是内容，都与中国的传统单口相声相似。——编者注

我的信念就是，决不做一个被各种流言蜚语左右的人。每个人都有一些不想被人知道的事，但那些事又大多早已暴露了。

有一种善良，是即便知道也不去揭露；还有一种善良，是完全不把那些事放在心上。

人与人就是彼此互相关照，我只想做到不去太挑剔别人。

必要时，做好“与人断交”的准备

做好“与人断交”的思想准备是很重要的。没有必要因为交往时间长或是亲子关系等原因，而受缚于这些情感，让自己持续痛苦下去。

只要切断让自己痛苦的缘分就好，如果真的有缘，终会有再见的一天。不必守着那些让你痛苦的缘分，如果还能结缘，到时候再珍惜那时的缘分就好。

况且，那些让你痛苦的旧缘分会影响你结识新的缘分。理想的状态就是在珍惜现有缘分的同时，再通过结识新的缘分来拓展自己的世界。但是人这一辈子，总会经历几次缘分的新陈代谢。

就我的经验来说，断了缘分的人就好似柜子里的旧衣服，买了之后不太喜欢，扔掉又觉得可惜，于是把它们收好想着哪天再拿出来穿，可等到真的拿出来穿时，却依然觉得不适合自己，最终还是没有穿。

就像对衣服的喜好会发生改变一样，交往的人发生改变也是没有办法的事。

我特别想对年轻人说，与其牺牲自己为他人谋幸福，不如断绝和某些人的缘分让自己幸福。与将幸福建立在你的不幸之上的人数相比，那些因你的幸福而感受到幸福的人数要多得多。

与人诀别不是件简单的事，人都有各自的情感和境遇。但是，需要诀别的那些人自然有他们的理由。

这里非常重要的是，“与人断交”不是单纯的诀别，而是宽恕后再诀别。

如果一直怀抱着仇恨与痛苦，即使客观上与人断了缘分，内心的缘分也不会断绝。所以我说的不是在评判完对方后与他切断缘分，而是在宽恕对方后选择分开。

原谅但不会忘记

通过推特我认识了这样一位女性朋友：她为了救助小时候被酗酒亲人伤害的成年人，经常参加一些志愿活动。而她自己从小被父母否定，童年过得非常痛苦，为了能坚强地活下去，她会邀请一些和自己有相同经历的人定期聚会。

作为女儿的她每天忙于照顾年迈的母亲而无暇顾及自己，尽管她对母亲默许父亲的蛮横和暴行一直心存怨恨。

虽然我认为她应该从对母亲的诅咒中解脱出来，但在与她相处的过程中，我从来没有提过这件事，毕竟不和母亲断绝关系是她自己的决定。究竟是因为她善良，还是出于责任感，那就不得而知了。但既然她决定照顾母亲，那旁人就不该再去多管闲事。

只不过，如果我有一个从童年到60岁一直让我痛苦的母亲，我一定会和她断绝关系，不再照顾她。

我对亲子关系的认知很理智，我们的父母，不单是父亲和母亲这两个角色，他们和我们一样，一辈子遇到过许多状况，也是曾经经历过失败的男人和女人，也是有着过去的神秘人，是我们“最亲近的旁人”。

而正如自己不是一个完美的孩子一样，世上也不存在完美的父母。

每个人的人生都不尽相同，哪些人应该被照顾，哪些人不应该被照顾也取决于个人。

比如，这个在有酗酒父亲的家庭长大的孩子，从记事起便伴随着阴影，并且没有办法从阴影里逃离出来。她一边做着专门救助这些人的志愿者，一边决定要为母亲养老送终，即便照顾年迈的母亲很辛苦。看上去，她做志愿者和她决定照顾母亲这两种行为很矛盾，但对于她来说，过去的事没法忘记，但她选择原谅，并且接受现实。

在选择原谅过去的同时，你必须告诉对方：因为你，我人生宝贵的一大半时间都被浪费了，并且你现在还在浪费我的时间。你对我造成了深深的伤害，但我选择原谅你。

如果你不告诉对方“虽然原谅了但不会忘记”，那么这件事就不会升华。可能她的母亲直到现在都还有各种借口，譬如在育儿问题上谁都是不成熟的，或者她当时也是被残暴的丈夫利用了，等等。

她期待她的母亲能发自心底地对她道歉，但似乎她的母亲只说过一次“对不住了啊”。母亲对于扭曲了她的人生这件事，从始至终只道过一次歉，但那一次道歉让她决定为母亲养老送终。

我想，她这一辈子应该都是怨恨自己的父亲母亲的吧，她应该一辈子都会羡慕那些在幸福家庭长大的孩子吧。

我想，她应该是不爱她的母亲的。比起爱，更多的应该是情，类似慈悲的一种感情。

即便这样，那个决定原谅并勇往直前的她真的好坚强！好美！

该不该回应？
你要学会判断

有些人，你正常接触他们，他们却毫无礼貌地回复。年轻时的我也曾因他人的态度伤心烦恼过，以为他人的无礼是因为我自身的缺点，或者是我做错了什么。

后来我想明白了，他们之所以毫无礼数，是因为从一开始就没打算和我好好相处。因此我根本无须把这事放在心上，更不必认真对待他们。

有意和对方交好的人，态度自然也会很好。毕竟换位想想，应该没有人会觉得无礼之人所说的话是有道理的吧，我反正一次都没有过。

为了打动他人，人自然会言行礼貌，态度真诚。通过对那些无礼之人的观察，你会发现他们都是看人下菜碟。他们对你无礼是因为并没有把你当一回事，所以在面对那些无礼之人的时候，没有必要委屈自己。

对于这种既没有礼貌，又不讲究关系对等的人，从最开始就不要期待能和他相处愉快，只能做好相处不顺利也没办法的心理准备。

推特上经常会有人不请自来地发一些让你惊掉下巴的无礼回复，我身边玩SNS（社交软件）的朋友都有过类似的经历。对于他们，我最先感到的是怜悯而不是愤怒。躲在暗处匿名发送让人不愉快信息的人，不会是被周围人善待、生活幸福的人。

外表是内心的表现，无礼之人的外表无论是丑还是美，都毫无魅力可言。通过表情、细微的动作、事情的处理方式等，冷漠的外表所表现出的正是冷漠的内心。

应该回应谁，不应该回应谁，关系到你的日常生活快乐与否。

最糟糕的是对不该回应的人做出了回应，反之，回应了应该回应的人也是最让人开心的。

如果你有一套用来判断是否应该做出回应的标准，那么当对方的言行冒犯到你的时候，也就不会乱了分寸。

当然，每个人受到冒犯都会不舒服，但只要你认定对方不是你应该回应的人，并且做好和对方对峙的心理准备，那么随着事情的结束，你们之间的不愉快也会减少。

在遇到应该回应的人时，你会言行礼貌以示对对方的尊重。

能和所有认识的人愉快相处，那是最好不过的事，但那只是奢望。当与人相处不愉快时，你制定的标准多少能减少一些人际关系带来的压力。

另外，那些不应该回应的人里经常会包括我们的亲人，有可能是父母子女，也有可能是兄弟手足。正因为是朝夕相处的人，所以更需要用标准来保护自己。

虽然这等于放弃了和这些亲人们沟通，但即便这样，也坚决不去回应他们。

还有一些给我们自信心的人，劝诫我们不要得意忘形的人……我们必须懂得分辨哪些人应该回应，哪些人不应该回应。有的人语气严厉但都是为我们好，如果将这些人错误地划入不应该回应的人群，那自己就得不到成长。

只听自己爱听的，不听逆耳的，这种行为就像是幼稚小孩一样。

不要深究对方

如果你问对方讨要某样东西，对方没有给你，那就不要再追问了。

所讨要的无论是什么，他之所以不给，要么是他没有这样东西，要么碍于某种原因没办法给你。人需要做到“果断地放弃”，占有欲只会让人际关系复杂化。

越来越多的人不了解深爱和占有欲的区别。

深爱会使人视野广阔，并尊重他人自由；而占有欲强的人的视野窄到让人惊讶，他们会越发地束缚对方。

年轻人在谈恋爱或人际交往中尤其容易将二者混淆。想要区分二者，关键看对方给自己多大的自由空间。父母与子女的关系也是这样，他们容易混淆娇惯小孩和给小孩自由这两个概念。

深究对方相当于强迫对方。被强迫的人只有两种选择，不是反击就是逃跑。不管选择哪一种，都不是件好事儿。

如果说爱得越深越想逼迫对方，那当你明明知道逼迫的结果只会失去对方，是不是就不会偏执地逼迫对方了呢?

与其逼迫，还不如给予对方充分的信任和自由，尊重对方。只有这样，才能建立起更加紧密的人际关系。

一流的人竞争，二流的人抱团

抱团和交朋友是完全不同的。

朋友之间可以接纳不同的意见，包容不同的个性，而抱团的人则可能因为一件小事而争吵分开，他们之间的友谊短暂而脆弱。他们因为共同的假想敌而聚在了一起，但并不能算真正的朋友，也不会为了维持彼此的关系而努力。

虽说每个人的性格不尽相同，但一流的人绝对不会抱团，而二流的人则会彼此安慰。

一流的人相互竞争，之后成为彼此认同的朋友，在彼此认同的同时他们又会相互竞争，在竞争中一同成长。

十多年前日本开始实施宽松的教育政策，我当时惊讶得哑口无言——实施这个政策实在是太愚蠢了。

孩子们需要的是爱和教育，而不是宽松教育，宽松教育只是以爱的名义放弃了竞争原则。教育政策是大人们定的，这些处于宽松教育时期的孩子们并没有责任，而他们却从始至终都被世人取笑，被称作“宽松的一代”。

当然，正如每个人都会犯错一样，历史证明，各国在政策决定上都会犯错，但这对于我们来说不是一件好事。

这种教育制度会让孩子们走向两个极端。一边是认为填鸭式教育不好，相信宽松教育的父母培养的孩子；另一边是不相信宽松教育，送孩子去私塾，给孩子找家庭教师的家长培养的孩子，他们之间的教育差距也演变为社会问题。

虽然我那个年代并不是什么都好，但至少我们从幼年开始就学到了竞争意识。

我想，如果梵高和高更彼此理解、放弃竞争的话，他们诀别后也就不会画出那么多绝世之作了。

一流的人绝对不会抱团，他们相互竞争，即便最终是悲剧，也一定会留下一流的作品。

一流的人才能结为真正的朋友，因为他们互相能成为竞争对手，激励自己成长。

从生气方式看清一个人

我特别想对年轻人说，选择恋爱对象或伴侣时应该注意对方生气时的态度。从生气的方式可以看出一个人的本性、教养、出身和成长环境：他的一切都会被表现出来。

生气是一种赤裸的情感。虽然是赤裸的情感，但也需要自我把控。一个特别优秀但是会乱发脾气的人，他的人际关系最终都会以糟糕的方式终结。

新闻上几乎每天都在报道杀人、暴力等事件，它们的发生多半是因为无法抑制的愤怒情绪。有些人因琐碎小事怒火中烧，有些人则是为了消除多年积怨纵情发泄，其中理由形形色色。人的所有情绪中，愤怒是最难控制的一种。

不要等到自己被骂时才引起注意。有些人即便尚未对你大发脾气，但他们不管到哪里，每当面对车站工作人员、便利店店员以及政府窗口人员等即便被骂也不能回嘴的人时，就会怒火相向。这样的人最终也会将矛头对准你。

当然，每个人都会有愤怒的情绪。但是，有些人会努力做到不把过度的愤怒发泄在别人身上。比如，对一分的错误或失败产生一分的愤怒，对十分的错误或失败产生十分愤怒。对这种合理范围内的愤怒情绪我们无可厚非，可是易怒的人会针对对方一分的失败爆发出一百分的愤怒。

俗话说，以牙还牙，以眼还眼。愤怒的情绪很容易相互传递。

无法抑制怒火的人的特点就是精神高度紧张。要想舒适地生活，最重要的是“为人从容”，因为精神紧张的人爆发愤怒的速度快得惊人。

刚才也有写到，愤怒有时还会夺人性命，最近就有一起因为网络煽动而引发的杀人事件，此外开斗气车造成的死伤事件也成了社会问题。

正因为如此，对于无法抑制愤怒情绪的人，不管那个人多有魅力，也应该马上和他保持距离。

有位同龄朋友喝酒的时候说道："喜怒哀乐里只有'怒'才是最诚实最纯粹的。喜、哀、乐这三类情绪都不纯粹，里面藏着虚伪。"不知为何我非常赞同他的看法。而且，依据我的经验：无法控制愤怒的人乍一看很强其实特别弱，也正是因为弱才会本能地去威胁他人。

如果愤怒的方式超出常轨，那这个人便不值得交往，应该立即与他断绝关系，这关系到自己的安全和幸福。

一个成熟的大人即使生气，还是会安静地把门关上。

按自己的天性生活

人活着，就要了解自己的性格，不要去和自己的性格对抗。

如果不擅长约定，一开始就不要与人有约，轻松舒适地与人相处就好；如果不擅长收拾打扫，最好从一开始就不要增加物品。

因为人的天性是不会改变的，所以最轻松的生活方式就是按照自己的天性生活下去，与天性对抗只会让自己痛苦。

人的天性或性情可能一生都不会改变，我们只是随着年龄增长而慢慢适应了而已。一旦有事情发生，人在情感上的第一反应往往和小时候是一样的。

所以，比起改变自己的天性或性情，不如找到接受自己的人和环境，这样的人生会轻松很多。哪怕只有一个朋友能接受包括负面因素在内的自己，或者如果有家人在旁陪伴，那么人就能努力地活下去。

人只要活在自己擅长的领域就好。

身处社会，不想做但又不得不做的事比比皆是。在义务教育阶段，即便遇到与自己性格不符的事也不能逃避，必须完成，这是进入社会前的训练期。长大成人后，做或者不做，都由自己把握，但是也要做好承担责任的心理准备。

在喜欢学习的人里，有擅长基础研究的人，也有擅长应用的人；在喜欢服装的人里，有些人是喜欢做，但也有些人是喜欢穿。

只要不给别人添麻烦，自己随心所欲地生活就好。

而且，不要将自己擅长的领域和他人不擅长的领域做比较，从而认为自己比他人优秀。

我很讨厌因为某方面不行就对对方全盘否认的评价方式。你可以说，他在那方面很厉害，而我在这方面很厉害。

收起幼稚的玻璃心

通过和几位年轻朋友聊天，我惊讶地发现他们之间有不可思议的共同点。

譬如，如果常去的套餐店店员待他们很友好，他们便不会再想去那里吃饭，但其实他们对那家店以及那家店的店员并不讨厌。

我把这事儿写在了推特上，之后收到很多回复，其中百分之九十九的回复都表示理解他们心情，并且自己也是一样。

恕我直言，我不能理解为什么大家把在套餐店吃顿饭搞得如此紧张。如果我在店里吃饭时，店员送了份小菜给我，或者称呼了我的名字，我会很高兴。可是这些对他们来说竟然成了一种负担，使得他们不再去那家店。

有位非常有才华的编辑在看到我的这条推特后，告诉我他也仅仅只是因为常去的便利店店员问他是否和平时买一样的东西，他便不再去那家店了，这让我感到很意外。

围绕这个话题，我又试着多问了几句。他表示店员态度冷淡的便利店他也不想去，至于原因他自己也不知道，只是当他看到有人被特殊照顾，他便会很生气。

这些听起来非常矛盾的说法，在他们看来却是合理的。

我对套餐店的要求是：米饭好吃，店员态度良好，价格和味道相符。只要满足这些就够了。

如果在便利店被问到“是和平时一样吗？”我会很高兴，如果偶尔想换换心情，那就和店员说今天想买点别的就可以了。

现在无论是现实世界还是网络世界，到处都是寻求邂逅的人。但是，尽管大家有着与人交流的强烈需求，但又觉得与人联系很麻烦。

“虽然需要朋友，但被这种关系束缚起来更麻烦；虽然想结婚，但又担心婚姻关系带来的制约会很麻烦。”

这些都是小孩子的逻辑，人与人之间的关系本来就是麻烦的。能妥善地处理“麻烦”，才算得上是成熟的大人。

有一位年轻朋友说：“如果上次店员免费送了我一道菜，而这次却没有，我会认为是不是他对我有意见。虽然我也知道是自己多想了，我讨厌会这样胡思乱想的自己。”

我对他说，你只需把这道小菜当作今日赠品就好了，另外这也说明店员了解你的喜好。

人与人之间有深交和浅交，不要将二者混淆或同等对待，以免误伤了自己的玻璃心。

不要被自己和他人的情绪左右

有些人异常敏感，生怕自己受到一点儿伤害，至于是否会伤害到别人则毫不在意。

“不让自己的情绪伤害他人”这个道理，有些人即便长大成人都未必明白。如果身边有这样的人，不要理他，悄悄远离就好。因为这样的人在伤害了别人之后，反而会以“我很受伤”为理由做出一副被伤害了的样子。

同样，“不被自己的情绪左右”是非常重要的。

不要因为不开心而不笑，当你笑着笑着自然会开心起来；

不要因为没有干劲而不做，当你做着做着自然就会有干劲；

不要因为害怕被讨厌而一个人待着，当你主动去爱别人，自然也会感受到被爱。

其次，不仅仅是不要被自己的情绪左右，还应该尽早明白的是“不被父母、老师、上司的情绪左右”。

我们需要尽早明白，在这个世界上，有许多人的态度会随着情绪的变化而变化，这不是我们的责任，因此我们也不要被他们的情绪所左右。

我认识的人中有许多中年人和老年人，让人惊讶的是，他们中间有一些人到了这个年纪竟然还会被别人的情绪所左右。

我感觉幼年时期的成长经历对他们的影响是相当大的。听很多人说过，他们小时候要么是父母总大声吵架，要么是自己经常被父母训斥，以至于到了中年甚至老年，一旦碰到大声吵架的场面他们就会心神不宁。

不仅是小孩，大人也是如此。让人顺从的最佳方法，就是强势一方让人捉摸不定的行为方式。培养一个优秀的“奴隶”，只需要有时去表扬他，有时去批评他，如此反复即可，即使他每天做的是同样的事情。

想想你是不是也这样对待孩子和部下呢？

习惯了时刻看人脸色行事的这些人，内心也会变得不安定，这就是古今中外典型的独裁者的统治手段。

而成熟的大人，不会去伤害他人，更何况是自己最宝贝的孩子。

因此，绝对不要试图用情绪支配他人，也不要随意被情绪左右。

说话得体的人才能过好一生

从网上的帖子可以看出网友们的两大特点。首先，他们对自己的现状极为不满，怪国家，怪上司，把任何事情都怪在别人身上；其次就是自责，责怪自己不够优秀，失去自信。

一方面是强烈地攻击他人，一方面是极度地贬低自己，这两个特点呈现出责怪他人或责怪自己的两极分化。

人的心里面藏着很多无法和别人说的情感，如不值一提的，无聊的，反叛和悔恨的，等等。

人活着，每天都需要面对许多情感。一个人在别人面前说了什么，态度如何，这些都取决于这个人的成熟度。

没办法，他人最先评价的就是你的谈吐，通过一个人的谈吐最能了解他的内心。

人是通过语言进行思考的。

因此当看到年纪越来越大的偶像，脑海里便浮现出“年老色衰”，看到精神脆弱的人就想起“神经病”，看到少根筋的人就想起“落伍”等流行语——这就表明你的思想已经被低俗的语言毒害了，你输了。

其实正在劣化的不是别人，而是自己。

我现在正在照顾一位93岁的女性亲戚，虽然家人也有帮忙，但我本身并没有觉得照顾她很辛苦。因为很幸运她没有老年痴呆，并且她懂得感恩，每次都会说“谢谢”“对不起”“真好吃”“真心感谢”。

这样的人仿佛一直生活在美好安宁的世界中，但是，她的人生绝不是平坦顺遂的，伴侣反复出轨，独生子选择自杀，儿媳妇提出遗产继承的诉讼，要求分割财产等灾难都降临在她的生活里，可她并不自暴自弃，反而很多时候，心地善良的她还会给予我很多安慰和鼓励，她同我说话时也总是和蔼而温柔。正因为如此，我才下定决心照顾她的晚年。

人是单纯的生物，如果老太太是个说话刻薄的人，我一定会犹豫要不要照顾她。

毫不夸张地说，日常的言谈举止就有可能改变人的一生，因为语言的选择能力和其他个人能力是成正比的。说话得体的人才能过好一生。

或许，谁都没有错

当遇到问题或深陷烦恼时，先不要把过错归咎于自己，也不要归咎于他人。我们不妨设一个第三选项，那就是“谁都没有错”，从而学会巧妙地放弃纠结。这是一个能让我们生活轻松一点儿的小窍门。

有时候事情会往最坏的方向发展，尽管这是谁都不愿意看到的结果。为此我们需要准备一个第三选项，当每个人都尽了自己最大的努力，但结果还是不尽如人愿的时候，就需要考虑那个第三选项。

请注意不要伤害自己，也不要伤害别人，更不要埋怨别人。

正如你有你的合理理由一样，别人也同样有他的合理理由。

虽然人际关系是由无数次误会和无数次理解构成的，但当你仔细倾听完对方后会发现，很多时候并不是“正义的自己”对“罪恶的敌人”，而是“正义的自己”对“正义的对手”。

虽然自己的主张很重要，但是认真倾听对方也同样重要。

曾经有位朋友因婚外恋自杀了，听说他当时被妻子和情人纠缠不休，同时又失去了孩子的信任。他无法专心工作，最终被逼得走投无路。说来他确实是自作自受，但是像他这种既爱着爱人，又喜欢上了别人的情况，也不能说就是哪个人的错。

我们应该也遇到过在爱着爱人的同时，又情不自禁地被别人吸引的时候吧。

谁都在爱情上栽过跟斗，只要你能想明白这可能并不是谁的错，就能找到别的解决方法。虽说朋友的离世实在是不幸之至，但他由此得以彻底解脱又何尝不是一种幸福？而他的爱人和情人将为此背负无尽的悲伤和无奈，在接下来的人生中备受煎熬。

并不是所有的事情都是非A即B，还有一个选项就是“谁都没有错”。

第二章

关于工作

工作是为了赚钱，进而获得自由

工作是一场时间、数量、品质之间的较量，最节约时间的方式不是单纯地加快速度，而是确保每项工作顺利完成。

用开高健[①]先生的话说就是："应该从容地加快速度。"每当迫于时间压力，不能静下心来认真工作的时候，我都会想起这句话。

另外，工作更是一场人与人之间的较量。但这场较量并不是单纯地树敌，而是心怀信任和敬意去迎战优秀的对手。虽然工作上务必取得胜利，但如果对手不是一位势均力敌的敌人，

① 开高健（1930—1989）：日本小说家，日本战后一代派代表作家之一，代表著作有《流亡记》《光辉的黑夜》等。——编者注

那这也无法被称之为高品质的较量。

在这场较量中，既要为对手加油，又要全力以赴绝不认输，这样的积极较量才能提高工作实力。

很多人不满于待遇和实力的不匹配，但其实很大程度上来说，“你自己所在的位置就代表着你的实力”。更何况，就连大脑空空又不努力的人都想和奋斗着的精英们获得同等待遇，这简直是无稽之谈。

通过工作获得收入，其实就是获得自由。

如果能想明白“自己并不是为了钱而被工作束缚，而是为了获得自由”这个道理，那么也就不会觉得工作很辛苦了。

如果工作刚好是自己的爱好，那是再好不过的事。但即便不是，意识到“工作挣钱能增加人生的选择”，这便是迈向成熟大人的重要一步。

“经济独立”是“精神独立”的第一步。

因为，小孩子被人抚养长大，成年人则是靠自己赚钱成长。靠工作赚钱是成年人的特权，而有了赚钱的能力就可以增加人生的选择。譬如取得了医师资格证的人，他既可以选择从医赚钱，也可以选择不当医生，这样的选择权背后是不管选择什么都能养活自己的能力。

有一位朋友特别想当音乐家，但是遭到了父母的反对，他父母说如果能拿到医生资格证就不再干涉他干什么。于是他考取了医师资格证后没有去当医生，而是作为专业音乐家去吹萨克斯了，他已经证明了自己独立的能力。

“为了赚钱就得被工作束缚”，有这种想法也合情合理。但换个角度考虑，也正是因为工作赚了钱，我们才获得了自由选择的权利。这样一来，我们对工作的看法也就发生了改变。

只要内心强大，就不会在意住的是豪宅，还是十几平方米的房子。因为随着收入增加，便会拥有选择房子的权利。

一直谈钱确实不太好看，但不努力赚钱的人则更加难看。

即使一个人的时候能勉强过得去，但为了守护重要的人，那就必须去赚钱。

赚钱获得自由，增加人生选项，这是成熟的成年人的特权。这个道理需要尽早意识到，这样才能尽早掌握赚钱的手段。毕竟，为了赶超那些天才，以及条件优越的人，我们需要付出大量的努力。并且，从这种意识中我们能收获的是“教养”。

不要放弃
选择工作的权利

经常有长辈对年轻人说："不挑剔的话，工作要多少有多少。"这是一种错误的观念，因为不挑剔才是不对的。

谁都有选择更好的工作的权利，难道长辈是想让年轻人将生命浪费在不喜欢的工作上直到死去吗？

要知道，就算是喜欢的工作也会让人感到痛苦，有时甚至不得不放弃工作。就算是喜欢的工作也有许多需要忍耐的地方，更不用说是为了讨厌的工作而奋斗的人了。

其实，对工作的不满就是对人生的不满。

如果不正视自己的不满，一味逃避，这种情绪将不断膨胀，甚至可能放大好几倍来压迫你；但如果能正视它，并与之对抗，它就会不断变小。所以应该正视自己的不满，并与之斗争到底，工作中的不满是不会为了照顾你的情绪而自动消失的。

我的主张是："不要从事自己讨厌的工作。"

为了不从事自己讨厌的工作，请一定不要放弃选择工作的权利。

我的一位年轻朋友曾在一家黑企工作，最终身心俱疲不得不辞职，跳槽后的他很快在正确的事业上取得了长足的进步。

"如果在这里行不通的话，那么去哪儿都不行"，这种断言只会让自己失去容身之地和自信。毕竟，在此处行不通但在别处取得了成功的案例不在少数。

至于如何从事自己喜欢的工作，要么改变工作，要么改变自己。

我大学毕业后，师从历史小说家山手树一郎老师，立志成为一位小说家，但最后还是放弃了。

后来想当律师，但参加了三次司法考试都以失败告终。

再之后我在农林省（现为农林水产省）[①]任过职，也当过

---

① 农林省（现农林水产省）：日本行政机构，隶属日本中央省厅，主管农业、林业、水产行业行政事务。——编者注

麻将馆的店员、老板以及杂技演员、国际航线船员、高尔夫球场工作人员等，终于，年过30的我找到了自己喜欢的职业——漫画作家。

因此，每当听到二三十岁的年轻人说他们没有未来，我都非常惊讶。

人如果满足于自我否定带来的快感，那就真的完了。这种轻易放弃自己人生可能性的想法，看似顿悟了人生真谛，其实只是为了不去进步而逃避现实。

他们只是在偷懒而已。

你只是“看起来很能干”

许多人并不是真的“能干”，而是希望自己“看起来很能干”。这让人很意外，就好像那些“不在乎自己是否真的幸福，而只是想成为别人眼中的幸福人”的人一样。

但即使能骗得过别人，却没办法骗过自己。

因为无论把虚假的事情伪装得多么真实，本人的真实情况也不可能因此而改变。

实际上，这个人到底有没有实力，别人马上就能感知到，而为了敷衍遮盖，他只得更加努力地去伪装。

解决这个问题的最佳方法其实非常简单，那就是真实地努力工作。

只要摒弃与事实不符的伪装，就能找到奔向目的地的最短路线。

伪装者本人一定明白去伪存真的道理，想用幻想弥补自己的不足，但这非但不能让自己得到成长，反而是在败坏自己的名声。

那些希望自己在工作上看起来能干的人首先必须认清自己在撒谎，并且意识到这是一个非常容易被人识破的谎言。这是他们要成为真正有工作能力的人必须跨出的关键一步。

认真完成工作比说明为什么没做要简单的多。

另外，现实中并不会有人突然像超人一样什么工作都能胜任。与其自己包揽下所有事情，最终却因不能善始善终而崩溃，倒不如学会如何“高明地托付给他人”“巧妙地接受他人帮助”，这些与提高工作技能一样，都是非常重要的。

想要往高处走，不讲究方法，只依靠自尊心是不可能成功的。

与其把精力浪费在“让别人觉得你很厉害”上，不如设定一个目标，然后为了实现自己的目标不断努力，这样的人生才是有意义的。

工作出色的人从不敷衍别人

工作出色的人都是怎样工作的呢？答案只有一个：工作出色的人从不敷衍别人。

善于敷衍的人有一个特点，就是不会认真地去听别人讲话。因此，他们做的工作也是潦草马虎的。

这么多年的工作经历让我感受最深的就是：不认真听人说话的人从来不会做超出人期待的工作。

按客户的要求完成工作，这是理所当然的事，但这样会输给竞争对手。只有当所做的工作超出对方的期待时才会让人感动，也才会有下一次继续合作的机会和可能。

想要达成工作目的的人都有“客观”和“乐观”这两个特点。

他们既不会目中无人，也不会妄自菲薄，他们会客观地看待自己。正因为如此，他们才会乐观起来。

你认为一个悲观的人能成功地完成工作吗？

持悲观态度的人仅仅因为情绪悲观就会士气大减，因此他们从一开始就已经输了。

但同时我们也要警惕那些毫无根据却连声说着“没问题”的敷衍者，他们的技术和能力都落后于人，口头上却说着没问题。和他们一起工作就好像一起坐在一辆刹车失灵的车里，乍一看似乎很值得信任，听到对方说“没问题”后更想去依靠对方，但是千万不要真的听信对方。

毫无责任心地敷衍说“没问题”的人，和值得信任的人完全不是一回事。

另外，不管说出“没问题”这句话的是老板、上司，还是其他你信任的人，当你预感其中有问题时，一定要亲自去检查验证一遍。依照我的经验，绝大多时候你的直觉都是正确的。如果没有问题那自然最好，但一定要注意，不要因为别人说了没问题，自己就停止思考。

工作出色的人也是“能够看清别人”的人。

爽快地传授工作技能

经常有人找我倾诉，说他不愿意将自己花费了十年才学会的技能传授给后辈。

这种想法显然是错误的。如果人人都抱着“我可是花了十年才学到的呢，你也花个十年去自己琢磨吧”的想法，工作是不可能进步的。

把自己花了十年学到的技能用一年时间教授给后辈，那么这位后辈就能用省下的九年时间去挑战一些新的事物。这并不会让你有所损失，你可以从他们那里学到他们九年间所学的新东西，就像他们向你学习时一样。

这样就能形成良性循环，让自己拥有的经验和向后辈学到的新知识并驾齐驱，促使自己不断进步。科学就是这样，通过不断的新老交替而不断进步，而传授者自己也将从中受益。

如果当有人向你请教，你有了私心，只想自己独霸技能，拒绝把它传授给他人，那不仅会妨碍他人的进步，也阻碍了自己的成长。常年的工作经验告诉我，阻碍别人进步的私心是不可能让自己进步的。

我最近发现，有一些自私的人的想法就是，“对那些没有和自己吃过同样的苦的人表示不满”“即便会给自己带来损失，也不会让别人受益”。

但是，你教给别人的技能仍旧是你自己的东西，并没有被拿走。

况且，你自己不也是从前辈那里学来了很多东西吗？

不论是上司、父母，或是朋友，很多人都会给你建议，而你并不需要全盘接受，你可以过滤掉那些无用的，只听取那些对你有益的。

把自己经历过的痛苦和艰辛强加于他人，这并不是一个成熟的大人的态度。

别人有不会的你就教他，同时，你有不会的也可以请教他，就是这么简单。

话说那些爽快地教会我技能的前辈们后来都变得不行了吗？当然不是。反而前辈们在教给别人的同时，进一步找到了自己工作中的新目标，从而不断往前进步。

所以啊，我们应该改掉保守主义的观念，不再将自己的秘密和技巧隐藏在大脑里。

在工作时千万不要小气，教人的过程才是最好的学习。

工作的关键
在于准备

“练习是工作，比赛是收入。”这是一位顶级职业自行车竞技选手说过的话，这句话直指各行各业的本质。

还有一位棒球选手说过：“练习要认真，但比赛是游戏。”其实输赢早已在比赛之前就确定了。

为了取得理想的成绩，长时间为此做准备本是理所当然的事。但在当今社会，大家对于任何事情都急于得到结果，如果不能得到一个好的结果，就会被认为是无能，这样的社会前途令人堪忧。

近年陆续有日本人获得诺贝尔奖，获奖者们提到最多的就是基础研究的重要性。其实大家都知道，现在的频繁获奖得益于过去长时间的研究积累。

“诺贝尔医学或生理学奖”获得者，东京工业大学荣誉教授大隅良多先生在记者招待会上说过这样的话：“我认为‘有用’这个词正在让社会变得越发的糟糕。它的问题在于，它似乎已经成为‘快速产业化’的近义词，但很多东西往往是需要等到10年，甚至100年后才能见到成效的。我强烈建议，社会能将科学视作一种文化，放眼未来，耐心做好准备，不要只看眼前。”

有时候我们没办法让准备万无一失，即便准备不足，也会被要求得出结果。但如果我们能在日常准备中掌握一些核心的技术，那么即使我们当下准备不充分，也可以用自己学到的技术去填补准备上的不足；当辛苦的工作没有换来成功，内心感到挫败的时候，熟练掌握的技术也可以将工作维持在一定水准之上，而不致因为情绪的波动大打折扣；情绪低落的时候，依靠技术来克服眼前的困难，然后心情也会慢慢地好起来。

当然在此之前，关键还是要在日常工作中积极准备，“掌握核心技术”。

工作不是单凭实力取胜

我经常去酒吧喝酒，慢慢地也就和酒吧的调酒师们熟悉了，并且还和几位成了好朋友。虽然他们都被称为调酒师，但不论是酒吧的氛围还是调酒师的个性都各有不同，甚至有两位根本就是两个极端。

其中一位作为调酒师技术非常高，从鸡尾酒到威士忌精选，他都努力提供品质最好的。为了调出美味的鸡尾酒，他一定会准备好美味但单价颇高的新鲜水果；威士忌和其他的酒也是品质越好，单价就越贵，但他都尽可能地提供。

而另一位调酒师并不卖鸡尾酒，一是因为他技术不合格做不了鸡尾酒，另一原因则是采购新鲜的水果风险太大，采购起来也很麻烦。他把只需要放点薄荷叶，连外行都能做的莫西特作为店里的卖点。店内摆的酒也都很一般，味道还算好，只是没有特色，去哪儿都能喝到。

这样听下来，大家一定觉得客人会去前面那家酒吧，前面那个调酒师一定赚了很多钱吧。但事实恰恰相反：为了提供美酒而努力的前一家酒吧陷入了经营苦战，那位调酒师将这个职业视为天职，想在调酒师这条路上取得成功，于是开了2号店；想让全世界都认识到日本鸡尾酒独特的细腻口感，于是他去国外的酒吧打工。但现实非常残酷，他最终关闭了2号店，并且不到几个月就被国外的酒吧辞退了，一切都很不顺利。他似乎越是努力，就越是拖了1号店经营的后腿。在外人看来，他就像走在迷途上的人。

相反，另一位调酒师清楚自己不是干调酒师的料，于是从来没有考虑过开2号店。他把精力全都放在了1号店的经营上，致力于提高店内收益。这家店的卖点并不是酒，而是店里的氛围。他努力提高客人的品质，让人觉得只要去那家店就能遇到有钱人，或是有魅力的异性等，于是他成功了。

当然，前一家店的调酒师在业界是非常受人尊重的，而另一位大家甚至不希望他介绍自己是调酒师。但从做生意这个角度来看，后一家调酒师显然更成功。

工作并不是努力就会成功，关键取决于你怎么做，圆滑机灵才能取得胜利。

至于选择哪种做法，那就得看每个人的个性了。当然最理想的是调酒师调酒能力强，再加上善于做生意，但是往往二者无法兼得。

要想取得成功，就应当选择一份能发挥自己个性的工作。当工作性质和你的性格相匹配时，你便离事业成功更近了一步。

不去迎合别人的节奏

我们取得最佳成绩的时候，往往是按照自己的节奏完成工作的时候。

在忙碌中按照自己的节奏生活非常重要。虽然也必须配合对方的时间，但基本上“我行我素”才能提升生活质量和工作质量。

我对村上春树先生《当我谈跑步时，我谈些什么》里的这段话深有共鸣：“以适合自己的步调，用自己喜欢的方式追求自己感兴趣的领域中的事物，你会发现这种方式最能有效地掌握知识和技术。”

譬如我在40～50岁那个时期，有大量的连载任务，非常忙碌。我之所以能克服当时的困难，就是因为那时候自己的节奏没有被打乱。

对我来说最合适的节奏是“不要太过悠闲，也不要太过匆忙”。太过悠闲会让心情变得松懈，而太过匆忙会让工作变得杂乱无章，所以我以此为原则完成了大量的工作。

我的信念是：尽管工作是我人生中非常重要的部分，但工作并不是全部。

在工作上取得成功，就是在产出上取得了成功，而产出需要几倍、几十倍的投入才行。等到需要有所产出时才慌忙地开始投入，那就太迟了。当每天为了工作忙得团团转，工作变成了生活的全部，那么投入也就无法专心为之了。并且，应该很多人都有过在工作时间外涌现出工作灵感的经历吧。

工作确实是人生重要的一部分，只有当这一部分进展顺利，才能牵动其他部分，让人生质量得以提高。

但是，不要做一个工作狂。

正在我写这篇稿子的时候，发生了东大毕业进入电通公司的年轻精英女性因过劳而自杀的事件。随后其自杀的原委被公之于众，引起了社会的极大关注。失去独生女儿的母亲一直强调的一句话就是：“没有什么工作比生命更重要。”

是的，过劳的紧张情绪正在整个日本蔓延，电通社员的事件只是冰山一角。

我年轻的时候负责十几本连载漫画，经常熬夜工作。为了让自己从工作中得到解脱，我为自己找到了一个“避风港”，我会十天打一次最喜欢的高尔夫球，为此我还定了一条规矩：如果十天内一次高尔夫球都没时间打，那就开始减少工作量。

我特别想对还没有掌握工作节奏和进度的年轻人说：如果不预先为自己找一个“避风港”，人生真的很苦。

在艰难的时候，我们需要通过某种方式让自己从艰难的现状中逃离。不管是人、兴趣，还是回忆，什么都无所谓，只要是不会被他人夺走的就行。

人生需要一个能让人暂时从现实的艰辛中逃离的避风港，但痛苦的时候是没有精力和体力去寻找避风港的。因此，应该在一切顺利的时候就预先找好，不要等到难受了，像石头一样不愿动弹了之后再考虑。

面对忙碌的工作以及低落的心情，我有一套自己的方法去应付。我会强制自己三小时内不去思考自己为什么会因为工作烦恼，睡午觉也好，看电影也好，做什么都行，总之不再去想这件事。这个方法非常奏效，每天光踩油门是无法生存下去的，也应该根据身体和心情的变化踩踩刹车。

不要担心会因此落后于人。高速超过自己的车遇到红灯也会停下来，最终大家的到达时间并不会有多大差别。

只有按照自己的速度持续奔跑，最终才能保质保量地完成工作。

比起努力去做超越自己能力的事，不如在自己能力范围内全力以赴。因此，有必要弄清楚自己的极限在哪里。

在当今社会，如果不时刻提醒自己不要被工作奴役，那就很容易沦为工作的奴隶。

我们必须避免这样的悲剧：每天忙于繁重的工作，喜欢的事、想做的事一件都做不到，努力到最后身心俱疲，回想起来只有工作才是心灵的依靠。

人不是为了工作而活着，而是为了生存而工作。工作之外还有美好的生活等待我们享受，因而要坚定地拒绝成为工作的奴隶。

但这并不代表着可以消极怠工，不管从事什么职业，对自己的工作持消极态度的人是不会幸福的。

别把最佳成绩当实力

不要把自己在最佳状态时取得的成绩当成自己的实力，实力应该是自己能力的平均水平。

如果把超水平发挥的最佳状态视作自己的实力，那将有可能在今后的生活中频频受挫；如果参照最佳状态时的成绩来设定日常工作的数量和质量，并与最佳状态时的成绩进行比较，那将很容易让自己失去信心。

漫画工作也是如此。由于在某个时候精神高度集中，画出了非常高质量的作品，于是由此产生了自信，但这份自信险些让人错过交稿期限。有些有才华的年轻人偶尔会画出特别优秀的作品，但是这种成功的体验，可能会让他在今后的几十年痛苦不堪。

我见过很多有才华但不得志的漫画家，他们没能将“才华”与“实力”区分开来，以为只要有才华就总能过得下去，那真是太过天真乐观了。

成功的体验是会提高自己，还是会给自己带来痛苦，关键在于是否明确地认识到一个事实：有时候“才华”并不等同于“实力”。

为“无法再现最佳状态时的成绩”做好心理准备，以及对自己有自信，相信自己“在那个时候真的做出了那么厉害的事情”，这两点是二律背反的关系。

作为成熟的大人，我们应该接受它们。

让工作经验实现质的转变

工作就是经验的不断累积，但随着经验值不断攀升，你的工作又是否实现了由量到质的转变？如果现在只是做着和三年前一样的工作，那么三年后也将依旧做着和现在一样的工作。像这样每天只是重复同样的想法和行动，是绝对不会有任何成长的。

小林一三[①]先生有一句名言："如果被任命去看守鞋子，那就争取成为日本第一的看鞋人。这样就不会有人只把你当作看鞋人对待了。"前几天看了电视台播放的一则纪录片，讲的是男主人公在伦敦的一家高级宾馆从保洁员做到最高顾问的

① 小林一三（1873—1957）：出生于山梨县，日本实业家。——编者注

事。小林先生的名言和那则纪录片之间有着重要的共同点：即使最初被委派的工作并不如己所愿，但也不要只是单纯地重复工作，而要努力让工作经验从量的积累上升到质的变化，不断向上发展。

把普通的事情完美地坚持下去，不仅能不断提高自己的工作实力，最重要的是能够赢得大家的信任。普通的工作常常会因为过于普通而让人不屑一顾，但往往最需要去钻研的正是这些普通的工作。这些工作谁都可以做，而做的过程就是在积累经验。如果不能让经验实现由量的积累到质的变化，那这些人就只能一直当看鞋人、保洁员而已。当然，看鞋人、保洁员也是很了不起的工作，但是如果你想向上爬，那就必须设定好努力的方向。

一旦弄错了方向，不管多么努力都没办法让经验从量变实现质变。

工作就是由量变到质变，然后再转化为行动的过程。

振作精神的特效药

度过情绪低落期的关键词是“人”和“技术”。

当情绪低落的时候首先要振作精神，与人交流是让精神振作的一剂特效药。去见有趣的人、让人兴奋的人、爱挑衅的人……总之就是要去见人。

而最糟糕的处理方式就是将自己封闭起来，闭门不出，所有的事情都自己一个人默默承担。

人在情绪低落期并不是越努力就会越好，这个时期的努力方向往往是错误的，有些做法甚至有可能让人坠入深不见底的泥沼。

棒球选手达比修有发过这样一条推特：“常说练习不会说

谎，但是如果在练习时不开动脑筋，这就等于是在说谎。”

大家都很赞同这句话。不动脑筋的努力只能算是徒劳罢了，而鲁莽的努力也大多会走弯路，达比修有的这句话适用于任何领域。

人在情绪低落时是没有办法去挑战新事物的，这个时候就需要用到我们的“技术”，也就是我们所积累的人生经验。

用学习来作比喻的话，技术相当于“语法”“公式”这些基础知识。尽管大家对填鸭式教育褒贬不一，但填鸭式教育所教授的语法、公式就好比是地基和柱子，我们的所思所想就是建于地基之上的建筑物。如果不把地基和柱子牢牢建好，建筑物就有崩塌的可能。基础知识得靠灌输才行。

情绪低落时首先要从他人那里获得刺激，然后依靠自己的“技术”来克服眼前的困难，直到情绪恢复。但谁都不知道情绪何时能恢复如常。

歌手村木道彦在大学时期以“朱红色的椅子”为题写了10首和歌，并将它们刊登在了当时前卫的和歌杂志上，由此村木在和歌界大放异彩。即便在今天，那10首和歌仍然会给读者留下深刻的印象。

但那10首和歌就是村木先生歌者生涯的顶峰，他再也没能写出那么棒的作品，渐渐地，出道时的光环也暗淡了下来。在唱尽了自己的过往之后，村木选择了隐退。直到20多年后，他才再次有了写歌的灵感，这中间是一段漫长的低迷期。

放弃了写歌后，村木每天忙于国语教学工作。突然有一天，他毫无预兆地写出了一首和歌，正是这首和歌让村木道彦先生重新回到了歌坛，村木先生说他复出歌坛是受到了俵万智①的启发。

谁都无法预测情绪低落期何时到来，只要活着就难以避免。正因为如此，事先想好应对情绪低落时的方法是很重要的。

不要以为深陷困境时的自己会在某天涌出“我必须改变自己”的想法，人在这种时候是不会有一丁点儿干劲的。

那应该怎么办呢？答案是，要么换工作，要么换住所，要么换朋友。

通过改变自己的环境，把自己变成一台排解不良情绪的机器，暂时忘掉人类复杂的情感，默默地干活，等恢复后情感自然会跟上来，所以我在这里故意以“机器”来打比方。在新环

① 俵万智（1962.12.31— ）：日本现代女诗人，以爱情诗见长，擅长以传统和歌形态吟咏现代题材，展示现代青年审美取向，代表作有诗集《沙拉纪念日》。——编者注

境里能遇到各种各样的人，周围人的改变能提高找到低迷期突破口的可能性。

当然，变为机器的自己还需要将之前丰富的情感再找回来。当一切都恢复如常，再回过头来看低迷时的自己，你甚至可以强大到把当时的自己当作一个笑话说出来。

感情丰富的自己，和成为机器的自己，两个身份都应该掌握自如。

以超越自己的老师为目标

我已经当了40多年的漫画老师，在刚开始办学时收到过很多同行的忠告，这些忠告几乎涉及方方面面。譬如，“你何苦增加自己的对手”“并不是每个人都能成功，那些成不了才的人最终会恨你的”……诚如同行们所言，我的对手确实增加了，也可能因此招来了一些人的憎恨，但那又有什么关系呢？

在教学过程中，我的学生们给了我非常好的影响。直到现在，每每看到学生们活跃在漫画界的身影，我便督促自己一定要继续画下去。

教学最能让自己学到东西。

许多日本家喻户晓的漫画家和创作家后来都是自立门户，

并且现在仍然活跃在漫画第一线。

前几天我去拜访了一位学生开的公司。他的公司是一栋自有的独立大楼，并且现在公司员工在全球范围内已经达到5000人。

还有一位学生，他进学校时就才华过人，40年过去他依然活跃在第一线，如今他画的漫画在全球的销售量高达两亿册。

这两位成功的学生有一个共通之处，那就是他们虽然跟着我学习，但都只把我当作他们人生中的一个节点，他们确信自己最终所要追求的并不是小池一夫这个水平。

他们的想法并没有冒犯到我，在我看来事情本就该如此。借用戏剧家乔治·萧伯纳的话来说：“我并不是老师，而只是一个被问路的同行人罢了。”

学生最大的课题就是如何超越自己的老师。

即便有人让你非常尊敬，并给了你很深的影响，那也不能将这个人作为自己的目标，而应该以超越他为目标。

你所尊敬的那个人的目标是什么？他受过什么影响？他都关注些什么？你首先需要弄清楚这些。如果做不到，那就没办法超越他。

吸引运气靠人品

对于成功者来说，好运气不是偶然的，而是自己争取来的。而且运气不是只有一次，当运气到来时，他们懂得把握机会，让好运延续下去。一系列的好运会把他们一步步引向更高的层次。

生活处处都需要做决定，做决定本身并不是“运气”，但每次都尽量做出正确的决定，然后积累到一定程度时便有了运气。

运气是一种主动的东西，而不是被动的东西。当你消极时，运气永远不会到来。如果作家说自己有天赋，他就有天赋；如果一个女人认为她自己漂亮，那她就是漂亮的。但运气不会在那些丧失信心、垂头丧气的人身上停留。

谦虚是人的美德，但运气不会降临到过于谦虚的人身上。

谁都想体面地生活，但过分矜持往往会抓不住运气。比起那些经常说别人“竟然做那样的事，也不知道害羞”的人，那些被说的人更容易被运气垂爱。

当人不顾一切想要做成某件事时，形象都不会太好，想要保持好的形象可以等到走运成功之后。特别是年轻人，即便自信爆棚、形象不佳也没关系。随着年龄的增长，即便你不愿意也得接受自己。

我非常想说的是，想要吸引运气最终靠的是人品。即使运气恰好落在一个人品不好的人身上，也会因为人品不好而消失。运气有时让人觉得反复无常，想要维系好运气，有魅力的人品很重要。

第三章

关于自处

不要怠慢自己

“不要怠慢自己”是我与自己相处的原则。

认真礼貌地对待自己将会带给自己很大的自信，即使被人粗暴对待，也要坚定信念爱惜自己，这样才能保护好自己。

当人心灰意冷时，不管是对待别人还是对待自己，态度都会变得随意散漫。心灰意冷的人会因为什么都做不好而焦虑，这种焦虑会通过人的表情和举止表现出来，由此身边的人便开始纷纷离他而去。对于大家的疏远，他会表现得越发焦躁，于是对待别人和自己时也就越发地粗暴，恶性循环就此形成。

所以绝对不能让自己心灰意冷，因为除非有特别的事情发生，不然很难再让冰冷的内心重新燃起激情。也就是说，一旦怠慢自己，就很难再回到认真对待自己时的状态，想恢复就需要花上更多的时间。能否在心灰意冷前重新振作精神甚至会影响到人生的质量。

能认真对待自己的人，对方也自然会认为你是一个值得被认真对待的人。

我一直强调自己是一个值得被珍惜的有价值的人，我觉得珍惜自己的人一定也会珍惜别人且被别人珍惜。做到这点，人际关系就会变得更加顺畅。

不由他人评价自己

“自己的评价自己做。”这是我对自己的一条铁律，因为我害怕一味地等待别人对自己做出评价而引来对方的讨厌。当然，听取别人的意见是很重要的，但不能将其作为自我评价的依据。因为，评价你的人中，既有真心给出有益建议的人，也有为了让你变成他们所期待的样子而不断发表意见的人，且这种人不在少数。区别二者尤为重要。

与其取悦别人，不如活出自我，这是实现快乐生活的观念支撑，也意味着足够强大的生存意志。

并且，无论别人如何评价你，首先自己必须持有主见，只有这样才不会因别人的意见而左右摇摆。人就像那与次郎偶人[①]，听了别人对自己的评价后，心情会变得忽明忽暗。即便现在心情跌到谷底，没准儿明天就柳暗花明。

这里的关键就是不能动摇自己的主见。

只要自己有主见，心情低落便只是暂时现象，不久就会高兴起来。如果不能持有“即便被人讨厌也要做自己”的坚定信念，那么就很容易会因别人的评价而动摇自己的主见。

不用自己的价值观评价自己就相当于依靠他人的价值观生活，这等于否定了自己的人生。

请一定不要忘记，自己的价值由自己决定。因为你是为了自己在生活，而不是为了别人。

① 与次郎偶人：日本玩偶，一种应用重心原理的玩具。将一根偶人的两臂拉成半圆形，在两端加上坠子，使其保持平衡而不倒下。——编者注

不靠别人消除不安

把别人当成人生的依靠是非常危险的。别人能为自己提供帮助，但最终帮助自己的只能是自己。把别人当作心灵的依靠体现的是一种依赖心理，正是因为对别人抱有过度的期待，才会把自己的不安交给别人来解决。

一般情况下，只要是力所能及的事，被托付的一方自然会想办法满足对方的期待，但生活不仅仅是为了满足别人的期待。

因此，一定要小心那些总是把不安甩给别人的人。这种人虽然期待着对方给予自己帮助，但一旦他发现事情的发展不如自己所愿，便会从最初的期待，到之后的失望，再到最后的生气离去，而这些都只是这种人的一厢情愿罢了。独自离开还算好，有些人甚至会产生怨恨的情绪从而殃及他人。

理性地说，即使被委托人没办法消除委托人的不安，但他们毕竟花费了时间和精力，为此委托人也应该说一声谢谢。只有懂得这样做的人才有资格去拜托别人。

当感到不安时可以求助于人，但最终还是得靠自己的力量去解决问题，通过自身努力得来的答案是谁也夺不走的。

但是，依赖别人这种事特别容易上瘾。有不少人就已经养成了万事求人的习惯，依赖成性的人很容易变成麻烦的制造者，他们总是侥幸地以为“即便出现问题也总有人来帮忙擦屁股”。

我们有时确实需要别人的帮助，很多凭借一己之力无法解决的事情可以通过借助别人的力量加以解决，但是不能一开始就想着谁该去解决问题，谁该坐等问题被解决，而是应该秉持“大家互帮互助”的想法，这样才不会完全依赖对方。

招人讨厌
还是让人幸福

世界上有两种人，一种人让人幸福，一种人招人讨厌。

“让人幸福”这个词虽然只是不经意想到的，但我非常喜欢。

与其招人讨厌，不如让人幸福，这样自己也能从中感受到幸福。但确实也有人喜欢通过招惹他人而从中获得快乐。

不知道那些招人讨厌的人是否能意识到他们的行为也会招自己讨厌，大概他们的内心和感性认知已经越来越麻木，自然不懂得“己所不欲，勿施于人”的道理。

在我看来，让他人幸福的同时其实也有益于自己。

虽然每个人会因为与生俱来的资质、各自的成长经历以及生活环境而各有不同，但招人讨厌的人都有一个相同之处：他们都认为自己现在很不幸。

幸福的人能够温柔地对待周围人，不会去做招人讨厌的事。相对应地，当某人的行为让你感到厌恶的时候，你就可怜他是个不幸的人好了。

真希望那些招人讨厌的人能把对招烦惹嫌的那份热情用来做其他的事。

将自己所吃的苦弥补回来

不论是谁，在漫长的一生当中总会有一些“失去的时间”。

因为心理疾病而浪费了几年的时光，在黑企工作消磨了自己好几年，因为无聊的婚姻生活而千疮百孔，疲惫不堪……

有很多人在我的推特上留言，感叹自己那段失去的时间。

作为结论，首先我们“只有妥协”，其次“唯有改变”。

当然，不用吃这些苦自然是幸福的，但既然事情已经发生那就只能妥协，并且妥协的方法只有一个，那就是要比失去的那段时间活得更轻松、更坚强，让自己更幸福。

这是对于那段失去的时间的复仇，只有这样才能弥补回自己所吃的苦。

不要让自己的辛苦付出白白浪费，而要让它升华成自己人生中不可替代的一段经历。

这里最重要的是避免重复浪费时间。这样的事情出现一次，可以将其理解为谁都可能遭遇的失败，出现两次可以归咎于疏忽大意，但出现三次就只能看作是故意为之了。

作为对忘记过去的人的惩罚，那段糟糕的历史将反复重现，而“失去时间”这样的事是千万不能重复的。

神学者雷茵霍尔德·尼布尔有一句有名的祷告：“神啊，对于能改变的东西，请赐予我们去改变的勇气；对于不能改变的东西，请赐予我们去接受的冷静情绪。另外请赐予我们智慧，去分辨二者的不同。”

为了活出自我，请尽量不要浪费时间，应该将需要改变的地方和不改变也无所谓的地方区分开。但要注意的是，任由他人安排并不是自我改变，就好像我们遇见了自己不喜欢的人，却要求对方变成自己所希望的样子，假如自己是那个被要求改变的人，你会怎么办？

你一定不想变成那个按照别人的要求而改变自己的人吧。由此我设定了一个标准：如果对方是一位“严慈相济的人”，能在坚守原则底线的前提下巧妙把握温柔和严格的界限，那我或许会按照他所说的去改变，因为他的要求大概率是基于理性原则的有效建议。

我们必须知道一点，那些对别人的人生有强烈控制欲的人仅仅只是希望别人成为自己所希望的那个人罢了。

越是弱者
越不肯原谅他人

前几天我坐电车时发生了一件事：一位穿西装的男士被一个抱在母亲怀里的小婴儿踢到。这本是一件小事，但那位男士却用非常吓人的眼神怒视婴儿的母亲。

我把这件事发到了推特上，没想到收到的回复里，大部分都在批评那位母亲没有事先脱下小孩的鞋子。

如果是被一个多少能自己行动并自己做出判断的幼儿踢到那还另说，仅仅是被小婴儿的脚碰到而已，能怎么样嘛，这点小事值得去大肆责怪那位母亲吗？难道就不能站在那位母亲的立场考虑一下她的心情吗？哪怕只是一点点。

刚开始走路的小孩无法控制自己的行为，他们有时候想要被抱，有时候又想自己走走，还有的时候想坐婴儿车，这些要求都是理所当然的。但要求母亲在拥挤的电车内为小婴儿脱鞋穿鞋，这不现实。

若是真的很在意的话，比起怒视对方，不如对对方说一句“小宝宝的鞋子踢到我了，请注意一下”，然后原谅她不就好了吗？

在日本，我们告诫孩子们“不能给别人添麻烦”。但听说在印度，他们教给孩子们的是“你们自己就是在不断给周围人添麻烦中长大的，所以要懂得体谅他人”。

我觉得印度的这种教导比日本的好。无论是人也好，国家也好，他们都是一边给别人或别国添麻烦一边生存着的。

即使是打算一个人生活的人，他也不是一个人活着，而只是孤独地活着罢了。活着就是一个不断与他人“彼此照顾”的过程。

再说回那位被婴儿的脚碰到的男士，难道他的包不会碰到别人？他的脚不会踩到别人吗？总有一天他也会被别人用相同的态度对待，这也是没有办法的事。他选择怒视那位母亲，就代表着同意自己会因为一些细微的事情而被人盯着看，或是被人骂。

一个精神强大的人绝对不会因为一些小事而发脾气。因为自己软弱，才会对小事耿耿于怀。

通过电车上的经历以及推特上指责那位母亲的回复，我推测这些人在生活中应该都是弱者。正因为他们是弱者，所以他们不会原谅比自己更弱的人的瑕疵。

只有弱者才会欺负比自己更弱的人，因为那些将自己的不满情绪发泄出来的人最缺乏的就是强大的精神，只有精神强大的人情绪才是稳定的。

我尊敬情绪稳定的人，我也想成为那样的人。迄今为止我得到的最大的教训就是：只有弱者会为了小事动不动就发火。

尝试与一个人深交

人这一生会遇到许许多多交情或深或浅的过客。交情浅并不代表不好，交情深也不一定就好。只是当你遇到自己认为十分重要的人时，一定不要犹豫，要积极地和对方保持好关系。人际关系需要悉心维系，如果任由其自然发展，结果可能大家就都走散了，即便是命中注定的人也是如此。

尝试与人深交是非常重要的，但感觉最近大家对它有些忽视，并且忽视的倾向越来越强。虽然每个人有各自的价值观，但如果不试着与人深交，便体会不到理解一个人的快乐与充实感。

与其有100个熟人，不如有1个朋友。

老实说，与人打交道确实麻烦事儿很多，但能收获的东西更多。

人在各个阶段交往的朋友是不一样的，就像我们会根据自己的成长购入新衣服一样，我们交往的人也会随着时间发生变化。

如果买衣服时没有用心选，而是随意在街头选了几件便宜货，那这些衣服很快就会被当作垃圾扔掉。同理，如果交朋友时没有认真选择，那这些人际关系就会像那些衣服一样留不了多久。

就像衣柜里珍藏的大衣一样，人生也需要值得珍藏的朋友。

朋友之间的交往有深有浅，这和与对方是否投缘也有关系。深交并不是时时刻刻黏在一起，而是相互之间要有一个度：既要保持适当的距离，也能偶尔聚在一起畅聊。倘若能聊的都聊完了，那就保持沉默，各自陷入沉思就好，这样人与人的交往就能日益加深。

漂亮地放弃

世间充满了嫉妒、憎恶之类的感情。但是，只要做到“不和别人攀比”这一点，人生就会发生很大的变化。别人拥有的东西的确看起来很有魅力，但别人是别人，自己是自己。我们应该懂得放弃，不去追求不属于自己的东西，靠打好手里已有的牌去一决胜负。而且，放弃也要放弃得漂亮才行。如果放弃得不够漂亮，那很可能产生负面情绪。

所谓“漂亮地放弃”到底是怎么一回事儿呢？那就是虽然放弃了一些东西，但“现在”的自己一定是幸福的。放弃确实会给心灵留下伤疤，但是只要能想着“哎，算了，只要我现在幸福就好”，这就是漂亮地放弃。

不坦率地表达出对某个人的羡慕之情，那他的这份羡慕就会逐渐变得浑浊黑暗。人如果能够坦诚地想“如果自己也能变成那样就好了”，这便是往不嫉妒人群靠近的一个标志。

憎恨这种情感也是一样，虽然每个人都有憎恨这种情感，但情绪里带有憎恨就意味着你正处于被憎恨的那个人的操控之下。

为什么对人的讨厌情绪会上升到憎恨呢？就是因为自己一直在忍耐。最初可能不过是不喜欢对方而已，但这种情绪不断积累，就上升为憎恨了。

那我们应该怎么办呢？

如果每次都笑着去忍受一些小事，那么等积累一段时间，不满便会随着巨大的怒气爆发出来。所以在大爆发之前，我们应该提前为每一个小怒火找到发泄的窗口。

不要一直忍耐，总有一天，讨厌会升级为憎恶。

自己庸碌无为，就不要嘲笑奋斗着的人

“那些庸碌无为的人一定在嘲笑你这个奋斗者唱的歌吧。”每次听到中岛美雪的《加油！》里的这句歌词，我都深有共鸣：对认真做事的人持嘲笑态度的人我是无法原谅的。

没有哪种奋斗会让所有人都为之拍手称赞，但不管为了什么在奋斗都不该被嘲笑，那些连奋斗的勇气都没有的人更是没有资格嘲笑正在奋斗着的人。

写这篇稿子时正值平昌冬奥会举办。因为想再加深一些对羽生结弦、女子冰壶队员、高梨沙罗以及其他明星选手的了解，我上网对他们进行了检索，结果发现搜索框的关联词条里竟然有“讨厌”一词，这让我非常惊讶。

我怎么都没想到竟然会有人用“讨厌”这个词去检索这些努力的选手们。考虑到如果我也点击“讨厌”进行检索的话，那么我也就成了参与这个话题的一员，于是我没有再检索下去。

接着我又试着检索了一些受欢迎的知名人士，同样，搜索框里基本都会出现负面性质的关联词条。在这个世界上，总有一些人会讨厌受欢迎的人、努力的人以及成功的人。既然连羽生结弦都会被人讨厌的话，像我这样的人就更加没有必要去在意是否被人讨厌了。

我想，这些连我这个刚接触电脑的82岁老头子都明白的事情，年轻人应该会更加清楚吧。但即便如此，我还是很难接受这个事实：竟然有那么多人用“讨厌”来检索奥运选手。

当然，检索什么是每个人的自由。不仅是名人，无论是谁都会有光鲜面和阴暗面。我惊讶的是，竟然会有那么多人对别人的阴暗面感兴趣。

你可以对奥运会不感兴趣，只要你不去否定喜欢奥运会的人就可以了。

我想起了尼采的名言：“和怪物作战时一定要注意自己不要变成怪物。”“当你在凝视着深渊的时候，深渊也在凝视着你。”现代网络社会的另一面就好似这“怪物”“深渊”，只不过聪明人懂得控制自己的行为，不受怪物、深渊的侵害。

有一本我很爱看的杂志，它里面介绍的都是一些没有住在东京这种大城市的人的生活。这些人不管身在何处，都能凭借电脑和自己掌握的知识，以及自身的适应能力生活得舒适惬意。

譬如，它曾介绍过在某乡村居住着的人。他们一边养育小孩，一边从事专业的翻译工作，并且还干着农活。他们既把城市之风带入了农村，又在努力地融入当地人的生活。

现在，只要手里有台电脑，不管身处何处都能工作。同样是网络，有人在积极地利用它，有人却被它的黑暗所吞噬。之所以出现如此大的差别，我想应该是由人的本性和性格决定的吧。

人生会如何发展，关键在于是否能在快要被黑暗吞没时停下脚步。

今天又发生了女高中生被几个男性网友监禁的事件，最近总看到类似事件的报道。

在网络社会，那些来自黑暗面的声音总是盖过了来自光明面的声音。其中大部分人心态扭曲，他们总是想着把那些努力奋斗的人拉低到自己的水准。

他们之所以会这样，是因为拉低对方远比努力提高自己要简单得多。

我从不参与所谓的自我检索，因为网上的评论有褒有贬，如果我也参与其中，就等于中了那些千方百计想要伤害别人的人的圈套。

不珍惜你的人，
你没有必要珍惜他

“一个不尊敬你的人，你没有必要尊敬他；一个讨厌你的人，你没有必要喜欢他；一个不珍惜你的人，你没有必要珍惜他。”这是我的真实感受。但若站在对方的立场，看法可能会不同。在对方看来，因为没有受到你的尊敬，所以他也不会尊敬你；因为被你讨厌，所以他也讨厌你；因为没有被你珍惜，所以他也不会珍惜你。

因此，我们首先要主动向对方示好。主动之后仍然不行的话，那就无须强求。有些人就是会合不来，但又说不出理由。我年轻的时候很讨厌爱装的人，在我看来，装温柔、装聪明、装强大的人都是冒牌货，于是我把自己束之高阁，不与众人为

伍。但现在我的想法改变了，现在的我认为，那些装温柔、装聪明、装强大的人其实都是时时刻刻认真努力的人。

能接受别人的假装也就意味着默许自己可以假装。

在我那个年代，周围的朋友们几乎是在同一时期生的小孩。并且令人惊讶的是，他们几乎在同一时期说了同样的话："我不敢相信自己竟然会像个家长一样命令小孩做这做那。我虽然看上去是大人模样，但其实内心并不成熟。"小时候我一直觉得父母说的都是对的，做任何事都应该听从父母的意见。在我眼里父母就像是神一样的存在，他们是不会犯错的。成年后我才明白，我是直到进入叛逆期后才意识到"父母也不过只是普通人而已"这一事实，人也只有到了青春期才会意识到一直以来真是被自己骗得好惨！

前几天在一个朋友的聚会上，有一位非常可爱的两岁小女孩一直举着她的小手要我抱抱。我已经好久没抱过小女孩了，抱起来既觉得沉甸甸的，又觉得特别轻，这种矛盾的手感有些不可思议。

我想这个小女孩一定是家里的掌上明珠，很受家人重视。因为如果她曾有过被虐待的经历，那便不会要求一个未曾谋面的老爷爷来抱她了。想到这，我的内心感受到了一丝丝温暖。

小女孩边说着“胡子”，边把手伸过来摸我的胡须，接着又摸着我的手说“您的手好大呀”。

有位想收养小孩的朋友曾收到过这样的强烈建议：千万不要把小孩的试探当真，因为被寄养在孤儿院的小孩对大人基本都是不信任的。为了试探大人是否真的会接受自己，他们故意表现得娇蛮任性，爱顶嘴反抗，但这些也是大人经常会有的行为模式。我讨厌人际交往中会“试探对方的人”，只有缺爱的人才会去试探别人。当冒出一点点想要试探别人的想法时，我便会立刻提醒自己不要往不好的方向去想问题。这是我的原则。

人格的狭隘反映出
生活圈的狭窄

推特上经常有瞧不起别人、发表攻击性言论的人，我很好奇他们到底是怎样一些人。于是我观察他们日常发的推特，发现这些人都有一个共同点，那就是他们的生活圈都惊人的小。你看不出他们是否有工作，他们说出了趟门也不过就是去了一下家附近，他们最常发的推特就是哪里的拉面好吃，哪部动漫有意思，以及别人的坏话。这样会形成一个恶性循环：因为生活圈狭窄，所以他们接受不了不同的意见，把持不同意见的人作为攻击对象；并且他们毫无礼貌，不受人待见。由此，他们变得更具攻击性，生活圈也越发狭窄，注意不到眼前这个丰富多彩的世界。

我在写作的时候也曾有过好几次同样的感想，越是生活圈狭窄的人，越对创作抱有狭隘的怀疑态度。在写历史剧的时候，一般都是对历史了解不多的人会提出质疑："不可能会有那样的事情吧！"精通历史的人反而会很期待作品的完成，他们会说："没准儿，要是有那样的事发生会很有趣呢！"

我们只管扩大自己的生活圈，然后尽情享受就好。生活圈变大会给生活带来很多好处，随着圈子变大，每当生活中遇到大大小小的问题，我们都可以在其他方面寻求安慰，暂时从烦恼的现实中抽离；但如果生活圈狭窄，只要有一处不如意就容易处处受挫。而且，随着生活圈的变大，熟人和朋友也随之增多，能依靠的人也会变多。当然，这时需要你帮助的人也会相应增多，但是鼓励别人的同时也是鼓励自己，这样想也就不会觉得苦恼了吧。

遗憾的是，不想扩大自己生活圈的人似乎压根儿没有意识到自己的圈子很狭窄。

不要事先给自己定好角色

很多人一开始就决定了自己的角色，结果被束缚在角色里苦不堪言。决定自己的角色也就等于认定了自己是某某某而拒绝了其他的可能性。

譬如，在老的价值观中比较典型的是：母亲就应该相夫教子做家务，父亲就应该挣钱养家出人头地，供子女上大学。即便在现代社会，这些仍旧被看作是常识，但我认为我们不该事先确定角色，而应侧重于现代社会“与人协作”的需求，从自己力所能及的地方着手。

我们有时候帮助别人，有时候接受别人的帮助；我们有时候教导别人，有时候也向别人学习；我们有时候很严格，有时候也会撒娇。

如此不拘泥于某一种角色才会让自己更加自由自在。很多时候我们会用“拼命努力”来表扬那些做着自己不擅长的事的人，但如果及时变通，调换角色，把事情托付给擅长的人来做，不仅本人轻松，能缩短时间，还能得出好的结果，岂不是好处更多？而如果让不擅长的人做同样的事，不仅本人痛苦，花费时间长，而且极有可能结果也不理想。

我常常在想，如果在不预设角色的情况下，社会也能照常运转，那该有多好啊！

保持心情愉悦

保持心情愉悦是迈向成年人队列的必要修行。十个人里只要有一个人情绪不好，那么其他九个人的心情都会受到影响。“情绪不佳的人”是具有破坏力的。首先，情绪好的话自己也舒服，“坏情绪是无言的暴力”。不论是为了别人，还是为了自己，保持心情愉悦都是非常重要的，成年人应当管理好自己的情绪。不少人会用坏情绪来控制别人，但不管到了什么年纪，试图用坏情绪来控制别人的人都是幼稚的。

保持心情愉悦也就是处于放松的状态。

我想，人生的最高境界就是度过“放松的一生”。虽然有些时候我们必须要奋斗，也有些时候必须表达出自己的愤怒，但人之常态就是在日常生活中保持放松、从容，不过于严肃。只要内心从容，坚信车到山前必有路，那么即便遇到一些困难，也总能找到解决方法，克服困难。

心情舒畅能让人内心变得从容，内心从容也促使人心情舒畅。

一个成年人若是在与各种各样的人交流时保持心情舒畅，他应该会注意到一个精神状态稳定、个性沉稳、人际关系和谐的人的共同点是他们的父母不会在自己面前吵架。作为孩子，我们继承了父母双方的血脉，不管是父亲责备母亲，还是母亲责备父亲，父母吵架相当于是在否定作为其子女的自己。吵架必定给人留下阴影，向自己的孩子以及周围人展示笑对人生的态度是作为成年人的一种修养。

不在状态不好时做决断

人这一生不断地在做着决断。我们不仅要每天重复做出小的决断，还必须在人生的重大转折期做出大的决断。

如果是平时的小决断出现错误，尚且能想出修复的方法，但如果在大的决断上犯错，那可能一辈子无法弥补，追悔莫及。

千万不要采纳身处困境的人给出的建议，自己陷入困境时也是一样，千万不要在此时给自己任何建议。

我自己曾因此经历过很多次失败，在想方设法摆脱困境后我甚至会责问自己："怎么会做出如此错误的决断？"但人都是这样，当被逼得走投无路时，便只知道选择最安逸轻松的路。即使知道自己的选择会让事情变得更加复杂，同时也预料到事后自己会后悔，但在当下难免犯浑做出错误的决断。

在这种时候应该怎么做呢？找一位自己信任的人，如实向他叙说自己的窘况，依靠外部力量来帮助自己摆脱困境。毕竟，只有从容的人才能给出正确的意见。

如果在人生不顺时做出最错误的决断，那就相当于置自己于死地。确实，人在最绝望的时候可能觉得死了会更轻松，因为这时的他们正被当头浇下的雨折磨得死去活来，但是他们忘了，没有哪场雨会永远下下去。

你知道现在什么地方每年有三万人因为战争死去吗？

这个地方就是日本。

但这样的战争不使用武器，而是自杀式的灵魂之战。

毕竟，不会有人一年365天，一天24个小时都想着去死，决定放弃往往就在最难过的几个瞬间。无论是什么理由，如果将“人生不顺的时候绝对不做决断”这个习惯刻在骨子里，自杀也就会随之消失吧。

譬如，在当今社会，每个人对事情大小的界定不尽相同，对于文身这件事大家的理解也各有不同。

最近我察觉到周围有文身的人在不断增多，之前在六本木的书店排队等待结账的时候，站在我前面的女士脖子上文着一圈项链模样的文身，图案十分花哨，她大概20来岁吧，文身的款式和技术都十分幼稚而拙劣。不管她今后是带着这显眼的文身过一生，还是为了去掉文身而接受手术，只要一想到这位女士的前途我就会感到十分悲伤。尽管她的行为并不仅仅是因为年轻气盛，文身里也许包含着本人的某种深意，但在别人眼里他们都被一概视为“有文身的人”。很遗憾的是，一般日本人对有文身的人并没有多么宽容：温泉也好，泳池也好，夏天的海边也好，到处都会贴有“拒绝有文身的人进入”的标示。

现实就是，有文身的人如果在日本生活，很可能处处碰壁。

因此，不论是大事还是小事，情绪低落的时候一定不要去做决断。

此外，还有一个容易落入的陷阱，那就是在情绪异常高涨时做出的决断也同样很危险。高涨的情绪会给人带来异乎寻常的虚假自信，错以为自己什么都能做成。这种情况下所做的决断基本都是超出自己能力范围的，之后只会给自己带来痛苦的结果。

所以说，我们要时刻牢记一条原则：只在自己心态平和、能够冷静观察时做决断。

人生会因与某人的相遇而发生改变

“人生会因为与某人的相遇而发生改变”，这不正是所有人经常能体会的感觉吗?

因为如果在那个时候不曾遇到那个人，人生就会完全不一样。这样的相遇有可能是偶然，但也可能是必然。

其实不仅仅是自己的每一次相遇。每个人往前追溯10代一共有1024位祖先，只要祖先里有一个人与不同的人结合，那现在的自己也就不存在了。

人最初遇见的是自己的父亲和母亲。不知是幸运还是不幸，人从呱呱坠地的那一刻起就不再平等了。我在第五章也有写到，童年时代的我几乎没有感受过爱。

记得上小学的某一天，我在朋友家玩时，盆栽的刺扎到了我的手指。其实只是一点轻伤，但朋友妈妈以为我会疼，马上用嘴帮我把刺吸了出来，之后又帮我消毒，贴上创口贴。在此期间我一句话都没有说，因为在那之前我从来没有感受过这种无条件的关怀，当时我整个人都呆住了，竭尽全力也只是很小声地说出了一句“谢谢”。

也许朋友的妈妈不会再想起这件小事，但对于我来说却是一件特别温暖的事，即便现在82岁了依然无法忘怀。我好羡慕我的朋友，如果我也出生在这样的家庭那该多么幸福啊！

在那之后，我又遇到了很多人，有朋友、恋人、同事、伴侣等，其中有很多人我真希望从来不曾遇到过。

但这些出现在我身边的人，包括那些我不喜欢的人，他们都是我的镜子，无形中成就了现在的我。

选择合适的倾诉对象

当别人和你说真心话，或是向你诉苦的时候，千万不要和对方讲道理。

人在倾诉自己的苦衷时最希望得到的是共鸣，他们希望在共鸣中确认你是他的朋友，至于道理，请等到对方的心力稍有恢复之后再说，因为这时候的他们是在知晓这些道理但仍然无能无力的情况下，才来找你倾诉的。对于他们来说，此刻最需要的就是有人能站在他们的立场，和他们一起思考问题。

向你诉苦也就表示对方信任你，相信你不会乘虚而入。

说起来，人的痛苦其实并不能拿来作比较。当倾诉者听到“比你痛苦的大有人在”这样的话时，他会理解成“原来在别人眼里，我的痛苦是那么的微不足道”，这样只会加剧他内心的痛苦。

很多事情，对别人来说可能没什么大不了，但对自己来说事情已经到了难以承受的边缘。

人可以倾诉自己的苦衷，或者说，人应该倾诉自己的苦衷。但是，我们必须选择对的倾诉对象，千万不要选择和自己有相同苦衷的人，也不要选择不愿意倾听别人苦衷的人。

总之，自己痛苦的时候，不要向比自己更脆弱的人倾诉。

“找对的人倾诉苦衷”是非常重要的，但不管别人如何帮你，最终只有自己才最能保护自己。

想明白“这世上什么样的人都有”

想明白“世上什么样的人都有”这句话将让你获益多多。这样一来，来自别人的压力也就能减少很多。

绝对不要攻击与自己价值观不同的人。承认彼此之间的不同，这是一个成熟的成年人应有的修养。

我极少在推特上写自己的政治观点，偶尔写一条，必然会有人因此留言说要取消对我的关注。我对这样的结果感到很失望，正因为彼此存在不同才需要交流，但很遗憾，对方却选择放弃这样的交流机会。

当发现自己喜欢的人与自己的意见不同时，我们应该尊重对方，并与对方沟通交流，了解为什么对方和自己意见不一样，这是扩展自己世界的第一步。

很多时候我们会看不惯别人的所作所为，有人甚至会把这种看不惯和讨厌上升为憎恨。

但是我们偶尔对自己都会感到失望，对别人失望也在情理之中了。

即便是喜欢的人，他们身上也会有让人难以接受的缺点；即便是讨厌的人，他们身上也会有让人意外的优点。没有人会完全符合自己的要求，人的某一方面的特点并不代表他的全部。

因此，不要对别人过于期待，也不要对别人过于失望。

有些事情别人能轻松处理好，但自己做起来却十分困难，反之也是一样。我们经常无法理解为什么如此简单的事情这个人就是理解不了？为什么他不去行动呢？

其实大家也都彼此彼此，每个人天生就有擅长和不擅长的领域，接纳“不同”才是明智的做法。

对于不擅长的领域，不管如何努力也不过是成绩平平。与其这样，不如专注于自己擅长的领域，不断提升自己的能力，给自己，也给别人一个好的交代。

而自己不擅长的领域，总会有人擅长，就将其托付给擅长的人做好了。这并不是放弃努力，而是不让自己在错误的方向上白费力气。

人生即使什么都不做，就已经够辛苦了。我给自己定下规矩，不去做自己不擅长的事，同时相信他人可以做好。只要意识到这一点，人生就会轻松很多。

第四章

关于审美

接触优质的东西

“便宜的东西不会是好东西，好东西只会相对便宜；好东西确实贵，但贵的东西不全是好东西，其中品质差参不齐。”这是我这个老人家的生活哲学，但书可能是唯一的例外，有一本书被我列为“死前必读书籍”，而它在网上的售价竟然只有一日元。

住在东京这样的大城市，优质物品触手可及，大家似乎早就习以为常，品质一般的东西更是多得似乎要溢出来。

去那不勒斯考古学博物馆访问时，博物馆里最重要的美术作品被借走了。我带着遗憾回到日本，竟然发现是上野美术馆借走了那件作品，更巧的是这件作品正在被展出。

音乐界也是如此，著名的音乐家们也都会来东京访问。

东京几乎能带给人所有一流的体验，并且随着网络科技的进步，我们的选择范围被无限扩大，即使人在日本也能买到世界各地的东西。正因为如此，我们更需要提升审美和评论的眼光，以便做出明智的取舍。

那么如何才能获得品质更好的东西呢？其根本就是精心细致地过好每一天。如果每天生活得马马虎虎，那不可能接触到优质的东西。

想想看，你现在用什么样的筷子吃饭？又是用什么样的杯子喝水呢？

你需要跨出的第一步就是提高生活常用物品的品质。如果家居品质不好，那不管穿戴什么样的名牌也无济于事。特别要注意那些别人不易察觉的地方，否则就不可能培养出鉴别真假的审美眼光。

并且，无论眼前摆放的物品多么高档，如果你不曾具备相应的审美常识，又怎能懂得它的好。

譬如，有一只名为“喜左卫门”的大井户茶碗。在江户时代初期，一位非常成功的大阪商人竹田喜左卫门将它收入囊中，之后即便竹田喜先生没落了，茶碗也一直陪在他的身边。

再后来茶碗归大名[1]所有。虽然这只茶碗非常有名，但有传言说谁拿到它谁就会倒霉，于是最终它被捐给了大德寺。

现在，那只茶碗偶尔还会被放在美术馆展出。每逢展出我必定去观赏，并且每次我都会被茶碗的美深深吸引。而在有些人眼里，这不过是一只破旧的茶碗而已。

选择看什么，觉得什么美，这都是个人的自由，而我只会和懂得喜左卫门井户之美的人去探究美这个话题。

当然，人的素质和审美眼光的养成并不在于一朝一夕，而是经历了反复的失败和无数次的丢脸才逐渐形成。

① 大名：日本江户时代，直接供职于将军，俸禄在一万石以上的领主。——编者注

低调随性又精致

在东京住久了就会遇到各种各样的人。通过观察，我能一眼看出哪些是土生土长的江户人，哪些是外地人。

对于江户人而言，东京的生活就是他们再普通不过的日常，因此他们不大会过于明显地打扮自己。我对土生土长的东京人的印象就是低调随性又精致，而很多从外地来东京的人似乎急于表达自己的努力，因而打扮得过于刻意。

其实无论去世界上哪座文明城市，情况大抵一样。比如巴黎，无论是土生土长的巴黎小子还是巴黎姑娘，他们都不注重打扮，低调随性但又精致，这样的他们会让人感受到另一种帅。这也就是所谓的“一流理发店假装成二流理发店的水准”，而明眼人一看就明白哪个才是一流的功夫。

所谓的一流并不是做给别人看的，而应该在不经意间流露出来，这就要求我们拥有与生俱来的灵性和后天培养的审美眼光。

遗憾的是，这种灵性就如同运动神经，都是与生俱来的，不论先天不足的人多么努力，也很难赶超那些拥有先天优势的人，但从那些外地人身上所透出来的那股“为了弥补自身的先天不足而努力奋斗”的“土气”我也非常喜欢。

东京混居着早期来京的外地人和晚期来京的外地人。60多年前那个从秋田坐着火车来到东京激动不已的我，现在已然把东京的生活当成了日常。一想到这些，我这82岁多的老头子竟然还会心潮澎湃，这正是我这个晚来的外地人对东京的感受。

另外说一句，东京所有的都市性地标建筑都是由外地人建造的。

在一流的店铺买东西是最划算的

“购买高品质的物品，提升使用寿命。”这是一种理想的消费理念，我们在精神产品消费上也应如此，以高价格确保高品质。旅行、音乐会等无形的精神产品消费与美食等有形的物质消费同样重要。

消费方式与品位是分不开的。而想要拥有高品位，我们需要付出一些似乎是不必要的花费。但是购买廉价物品，然后在短时间内扔掉，这种做法对提高审美品位是绝对没有益处的。

提高审美品位的捷径就是去一流的店铺消费。频繁购买廉价物品，只会是徒然浪费金钱而已。

如果能去一流的店铺购买一流的物品，那就会减少对二流物品的购买，也就是说，我们只是用购买多件二流物品的钱，去购买一件一流物品而已。

我曾听和服店老板说过，50万日元的和服并不是10万日元和100万日元和服的居中品，其品质非常接近10万日元的和服。如果是这样，倒不如干脆买一件10万日元的和服，或者再努力存上两件和服的钱，买下那件品质一流的100万日元的和服。选择后者的，正是成熟有品位的购物者。珠宝商也说过类似的话，那些价格居中的钻石，其品质更接近低其一品级的钻石。

花不上不下的钱买不上不下的物品，其实是最浪费钱的。简单来说，如果所购之物的价值高于价格，那这就是一流的购物。这就说明我们在选择物品时，需要有审美眼光。我们之所以常说有钱人没有品位的居多，是因为他们买东西时不用选择。他们有钱，想买什么就买什么，甄选鉴别能力也就很难得到提高。

人的品位是在选择取舍中得以提高的。想要获得珍品，就必须具备鉴别珍品的能力。而在具备鉴别能力之前，我们将为获得这种能力交不少的“学费”，这是必要且值得的。

正因为有追求一流品质的人，才能培养出提供一流物品的人。这其实是在培养一种文化，我们的消费正是这种文化的一块基石。

把钱用在好东西上，这正是成熟、有教养的表现。

另外，在一流的店铺除了购物，还能结交到兴趣广泛的人。

成熟之人的兴趣往往包含着智慧。

时装设计师山本耀司曾说过：选择一件衣服，就是选择一种生活。

山本先生是因为从事服装工作，所以会用服装来比喻，其实这句话里的“衣服”可用任何别的词代替。做出某项消费选择就是选择某种生活方式，而选择了某种生活方式也就选择了某种人生。

兴趣是指人最喜欢的东西，通过了解一个人的兴趣，就能大概了解这个人。将喜欢的事情作为自己的兴趣，且不在乎他人的眼光，这是非常好的事情。但如果不能从这个人的兴趣上感受到智慧，那么不管他的地位头衔如何，都很容易被当作是一个不重视知性和教养的人。

兴趣广泛的人一般人情味也特别浓。和有些人聊天会让人觉得有趣，因为他们会通过分享兴趣，教给我们各种各样的事情，而我们向他人请教自己未知的事情时，自己也将得到进步和升华。

因此，我的信念就是一定要选择兴趣广泛的人做朋友。当你拥有一位兴趣广泛的朋友时，也就相当于拥有一位优秀的老师。

只买“弄丢了还想回购”的物品

在处理自己积攒的闲置物品时需要坚持一个原则：绝不扔掉再也无法买到的东西。如果这件物品只要努力就还能得到，甚至还能得到更好的，那就不要留恋，果断舍弃掉吧。

只要下定决心去繁从简，就不会再对不需要的东西抱有任何留恋。

很久以前发生过一件让人印象深刻的与购物相关的事件，那在当时是件很轰动的杀人案件，现在应该还有人记得：

那个罪犯非常有钱，他住着豪宅，不断购买昂贵的进口豪车，却将它们闲置在院子里。电视上曾屡次播放那些锈迹斑斑的豪车，画面宛如大型垃圾场，就像是罪犯的心理写照。从他待人接物的方式，足以看出他内心的荒芜。

虽然不能将人的生命和物品做比较，但会如此糟蹋贵重物品的人，也不可能懂得珍惜人的生命。

购物时应以“只买弄丢还想回购的东西”为标准，这是一条非常公正的价值标准。只有当购买的物品达到了这条标准，才能体现出消费者对所有物的喜爱。新闻每天都会报道因钱而发生的各种事件，这说明钱还是很重要的，而如何妥善地处理自己用钱买来的东西，是对人性的一种考验。

只要丢掉贪恋，就一定能找出自己想要的东西，这个道理大家都应该要明白才是。所谓的成年人的购物，就是当看着眼前想买的东西时，你能想象出它将带给你多大程度的满足感。

从成年后的物质追求
窥视成长经历

我想对年轻人说的是，成长过程中最重要的就是要认真体验人生的每一个阶段。譬如童年时期就应该尽情地玩耍，思春期就应该去谈恋爱，等等。

如果跳过了其中的某一个或几个阶段，那么即便长大成人，那些阶段仍需重新活过，并且还是以一种扭曲的方式。

如果没有积累好每一个阶段的人生经验，按部就班地迈入大人的世界，当你获得了金钱和地位，有了自由支配一切的能力的时候，就会开始收集小时候迷恋的物品，或是变得异常沉迷于异性。这就相当于长大以后的自己在消解小时候未得满足的欲求。

如果你说这是每个人的自由，那我也无话可说，但首先请做好迎接他人异样眼光的心理准备。

我认识的一位男性友人，因为在IT行业取得了成功，家缠万贯的他在高级别墅区盖了一幢宛若酒店的别墅。别墅确实建得十分气派，并且作为大富豪的别墅，自然是由一流建筑师设计。别墅设计得别有一番情趣，里面不仅设置有气派的红酒酒柜，还有收藏雪茄的雪茄柜。

从设计上看来这就是一个大人的世界，但具体如何居住则是房主的自由了。

在他家大门附近最醒目的位置陈设着数目庞大的迷你玩具车，颇为幼稚。

别墅的内装应该也是出自一流设计师之手，家里所到之处摆放的都是由北欧高品位设计师设计的原创家具，家具上却摆放着几个玩偶做装饰，正当我在琢磨那可能是源于他太太的喜好之时，我又看到旁边还装饰着美术馆级别的李朝茶壶等。

一夜暴富之人的不协调从他家里的陈设就能看出来，从一个人的消费方式即可窥视到他的内心。

不过随着人的成长，他的消费方式也将不断成熟。即使是曾经热衷过的东西，也会慢慢丧失兴趣。也许你会为自己曾经付出的时间和金钱而目瞪口呆，但你也应该为自己迈入了下一个成长阶段而感到高兴。

很多时候看似徒劳的举动终将丰富你的人生。讽刺的是，这个世上往往没有用的事才最让人快乐。

我曾听过一句谚语：如果你只剩下两枚铜钱，一枚用来买一斤面包，另一枚用来买百合花。这是我最喜欢的一句话。

即便生活忙得不可开交，至少也要有买束百合花的情致。如果不得不将手中的两枚铜钱都用来购买食物，也不要忘了摘一朵野花插在瓶子里。

没有钱也能享受艺术

一提到接触一流产品的重要性，肯定有人会这样回答："每天都为生活奔波忙碌，我哪有那个闲情逸致啊。"

但真是如此吗？

那样回答的人经常玩着手机的付费游戏，而我那本"死前必读"的古典文库本在网上的售价却仅为一日元；去听一场一流的音乐会需要支付高额票价，但是同样的演奏也可以在网上免费欣赏；电影院和美术馆也可以选择在特惠日以便宜的价格进场观赏。

那些原本就依靠游戏和电视消磨时间的人，即使有了时间和金钱上的富余，结果恐怕仍是一天到晚地打游戏或看电视。

难道不是吗？对自我提升毫无兴趣的人不过是以没有钱作为借口罢了。

只有那些没有上进心的人才会想把责任推给别人，推给社会。

不花很多钱却能提高生活水平的方法有很多，而亲身实践在节约的基础上享受生活的乐趣更具有创造性。

用逛美术馆得来的眼光和知识购买适合自己身份的、可日常使用的古董盘子；即使去不了门票很贵的音乐会，也可以把那些从小练琴的演奏家们的CD买来反复欣赏；虽然买不起知名画家的油画，但却可以买到没有名气但非常好看的中世纪圣像。

只要你想，做法有很多，你缺少的不是金钱和时间，而是干劲。

适合自己才是好的

我在作品畅销初期就买了辆外国车，当时我觉得那车很拉风，现在想来真是羞愧至极。在积累了一些经验后，我产生了一个疑问："为什么当时我生活在日本这个汽车大国，却甘愿背负爱慕虚荣的骂名去开外国车？"自己对车其实并不感兴趣，也不了解，当时仅仅只是想显摆一下罢了。譬如，乘坐法拉利的人不一定就是有品位的人，可能仅仅是跟风炫耀而已。

几年前，在乡村的高速公路上法拉利等豪车聚众行驶，结果发生了十几台车连续追尾的事故。但这个事故并不值得人同情，因为那起事故中司机们并不是开着豪车四处兜风的摩纳哥大富豪；而乡村的高速公路限速严格，也不像摩纳哥的赛车道。在不适合豪车行驶的公路上飙车，发生那样的事故也是在所难免。

凡事只有适合的才是最好的，对于我们每个人而言亦是如此。为自己增光添彩的东西不一定是挤破脑袋跟风得来的，而应该是合乎自己身份的。丈八灯台照远不照近，适合自己身份的东西可能就在身边，不必大费周章地四处寻求。

不过我有一个小建议：比起追求自己能力范围内的东西，不如试着踮起脚尖去够一下稍微超出自己能力范围的东西，这样自己的身份也能稍有提高。坚持这样做下来，慢慢地也就能把更高品质的东西收入囊中。

但不管怎样，适合自己永远是一条铁律。曾有一位年轻的女子滑雪运动员，从淳朴的北海道少女的形象转型为画着花哨浓妆、乘坐价值2000万日元奔驰车的形象，为此世人对她指手画脚，众说纷纭。我想，等她长大成人后，一定会羞于回忆自己的这一段过去吧，不是因为花哨的浓妆不好，而是因为选择了不适合自己的风格而显得笨拙滑稽。如果没有高明的人生规划，基本上没有经验的人都会那样做。

所以在成为成熟的成年人之前，需要有大人在旁边耐心守护和指导。

美好的日常
最让人快乐

趁着天空放晴，去高级餐厅小资一下是件让人快乐的事儿，而用积蓄为自己购置一件奢侈品也同样令人高兴。但较之那些偶尔的快乐，越是普通的日常，反而越需要品质的保证。说白了，如果没有美好的日常，也就无法体会到偶尔出现惊喜的快乐。

有一件很久以前的事儿，当时被称为“初高中女生援助交际”的卖淫活动一度成为社会问题。街上有不少女学生用出卖身体换来的钱购买名牌包包，这种行为实在是让人看不下去。名牌产品确实品质一流，但没有人会认为年轻女孩用卖淫的钱购买名牌是件好事。

好的东西也是挑人的。

珍惜美好日常的人才能让好东西真正发挥价值，而所谓美好的日常指的就是认真对待生活。只有认真对待每一天，那些偶尔的快乐才能被迅速感知到，同时，从中收获的正能量又将给日常生活带来积极的影响，鼓励我们细心体会平凡而美好的日常。

通俗地说，正因为每天认真烹制的饭菜美味可口，才会更加懂得高级餐厅的好；而平时靠方便面或便利店食物过日子的人，即使他们去了高级餐厅也无法发现餐厅的匠心所在，这和女高中生拎名牌包的本质是一样的。相反，即便自己无法拥有昂贵的物品，也可以致力于提升自己“善于发现日常生活小确幸”的能力。

一个“只会发现生活不满”的人，他的人生是十分无趣的，而人生无趣的人只会盯着别人的缺点看。只有感受到日常生活的美好，才能坚持在提升人生品质的阶梯上一步一步向上攀登；只有认真地生活，生活才会轻松，马虎地生活只会让人更加辛苦，但很多人的想法正好相反。

马虎地生活，马虎地与人交际，马虎地工作，不管是精神上还是肉体上都会非常累，只有“认真”才是轻松的捷径。但我们确实很难做到每天都认真地对待生活，我的爱人特别爱做家务，所以她会引导懒散的我认真去生活，但我偶尔还是会去外面吃，偶尔会订份外卖，偶尔会去汉堡店买份汉堡，然后混在年轻人中享用。认真生活并不是时刻紧绷神经，而是在不勉强自己的前提下高兴地生活。

要做到这样就不要被世间的常识束缚。譬如我家的大扫除定在每年的5月和10月，因为我们觉得在寒冷又忙碌的年末没有必要去打扫卫生。

讲究到极致
则失了温度

讲究的东西总给人一种不可描述的冷淡感。千利休[1]的杰作——茶室"待庵"就让人感觉不到一点温暖：只有两张榻榻米大小的茶室讲究至极，但仅仅只是点上火炉，插好花，泡杯茶就让人紧张到似乎有把刀架在脖子上。

以前，英国有位追求极致的园林大师一度备受关注。而与她温柔得体的言谈举止不同的是：为了建出更美的庭园，只要发现有不合群的花，或者有点蔫的花，她就会把这些花都拔掉，行动非常冷静理性。

---

① 千利休（1522—1591）：生于日本堺市，是日本茶道的"鼻祖"和集大成者，其"和、敬、清、寂"的茶道思想对日本茶道发展的影响极其深远。——编者注

而我最喜欢的那位园林大师从来不栽会开花的树，因为开花的树不是他所追求的园艺最高境界。

说实话，比起可爱我更追求美丽，而比起美丽我更看重端庄。因为价值观的不同，推特上不时会有不了解我的人与我发生争执，而我对那些幼稚的举动丝毫不感兴趣。

我不可能和那些连单纯和幼稚都分不清楚的人们持有相同的美学理解。为美学奉献了一生的北大路鲁山人[①]从来不曾肯定过任何一个与自己的美学观点不一致的人，并且他会零容忍地痛骂对方。因此，也传出过不少他与身边人关系不和的传闻。

一个讲究的人，其态度自然是冷静而又理性，因为要想从1000个里面选出一个心头好，那就必须舍弃掉那999个不喜欢的。

你无须去理解那些与自己兴趣不一致的人，但也不必去否定他们。

虽说可爱难登大雅之堂，但可爱的HelloKitty店却开在罗马非常讲究的一条街上并且大放异彩，而在日本，可爱的吉祥

① 北大路鲁山人（1883—1959）：本名房次郎，生于日本京都，拥有篆刻家、画家、陶匠、书法家、漆艺家、烹调师，美食家等多重身份。——编者注

物也带来了非常可观的经济收益。我只不过是不会和那些追求可爱的人在一起探究关于美的话题罢了。

几年前的一个冬天，我和家人开车去奥多摩玩，回程时家人认错了路，把车从主干道开到了过去那种狭窄的乡道上。正在我们一筹莫展时，刚好在主干道旁装卸货物的货车司机向我们伸出了援助之手，他特意放下手里的工作，跑去乡道的拐弯处帮我们确认车是否能通过。他熟练地操作方向盘，将车按原路退出乡道后，又帮我们开上了主干道，不愧是专业司机。

冬天的奥多摩特别冷，其间那位司机把我们带到他的车旁，对我们说："很冷吧？你们在我的车里等会儿吧。"货车内放着滨崎步的歌，还摆满了滨崎步的周边。说实话，我这个只听爵士乐和古典乐的人是听不习惯滨崎步的歌的。虽然我不会和这位司机聊音乐，但我觉得我们之间应该有很多别的话题可以聊，于是当下我和他交换了联系方式，直到现在我们还保持着联系。因为他对车特别了解，所以我向他咨询了很多关于车的事情，并且邀请他们夫妇带着刚出生的小孩儿来家里玩。如果没有那一次的相遇，我和他或许一辈子都不会有任何交集。

喜欢潮流时尚的人会全盘否定穿着土气的人，喜欢古典音乐的人会全盘否定爱听流行音乐的人。但这样的话，人与人将无法加深对彼此的了解。

有些人可能某方面让人讨厌，但如果换个角度看，他一定有能让你喜欢的一面。切记不要根据特定的主题，全盘否定一个人的人格。

在判断一个人时，有人用的是加分法，有人用的是减分法。比起着眼于别人缺点的减分法，那些采用加分法的人更懂得关注别人的优点，他们的人生要丰富得多。

我采用的是加分法中的“一分合格法”，也就是说在十项里面只要有一项优点，那么即便其他九项都不行，我也会很欣赏他，我相信这一定比全部否定要好得多。

完全托付他人就得不到理想的结果

我有位朋友请了知名建筑师帮自己在镰仓盖了幢别墅，可那完全是一幢设计失败的别墅。

之所以这么说，是因为那位朋友完全听从了建筑师的设计方案，结果盖好的房子虽然外观特别漂亮，但根本不适合他们一家人居住。

朋友的家庭成员都已迈入老年，不仅他的母亲已年逾八十，他本人也因自幼患有腿疾而行动多有不便，但设计师却在大厅正中央设计了漂亮陡峭的旋转扶梯。后来，不知是不是建筑师自己也意识到了旋转扶梯有点不合适，于是又给房子装了家用电梯。而那台电梯每逢台风必会浸水，修理从未间断。

朋友非常擅长烹饪，还自己开设了料理教室，但较之于这幢总面积不小的房子，其厨房却是小得可怜，还中看不中用；厨房的燃气灶是倾斜的，圆底锅放上去就倒了，里面的东西通通洒在了地板上；橱柜也被装在了高处，本就狭窄的厨房还需为此放置一个折叠梯。

从镰仓山半山腰能眺望江之岛的海景，朋友正是因为心仪这绝佳的地理位置，才决定安家于此的。可令我惊讶的是，设计师并没有将这些考虑在设计之中，而是将外墙用百叶窗围了起来，以至于从室内完全看不见室外的美景。并且，百叶窗围在房子外围的话，自己根本没有办法清理窗户，只能交给专业人士。

所以说，房子虽然看起来非常漂亮，却有列举不完的设计上的缺陷。

之前见到那位朋友时也聊到了房子。正当我为百叶窗重新刷漆需要花费100万日元而感慨不已时，朋友纠正道：确切的说那100万日元只是刷漆时搭建脚手架的费用，整个刷漆费一共是400万日元，且耗费了一个月的时间。并且要想保持房子的外观，隔几年就必须重新刷一次漆。也就是说，只要住在这幢房子里，就得为此花费大量的钱并背负极大的压力。

那他为什么会盖一幢这样的房子呢？

那是因为他对“知名建筑师”的品牌十分信任，便将房子的全部事宜完全托付给了建筑师。他作为一个成熟的大人竟然没有向建筑师表达自己的意见和要求，而是将自己要住一辈子的房子全权委托给了对方！他万万不该将一生中最重要的一次购物交给别人。

之后过了不久，有一位审美意识很高的知名人物也请了同一位建筑师在京都建了一幢房子。那个房子的构造非常棒，并多次登上了建筑杂志。关于建房的经过我也有所耳闻，据说那位知名人物为了房子的事曾数次与建筑师发生争执，但是话说回来，如果不坚持自己的决定，又怎么能建出自己理想的家呢？

人生过半，如果没有自己的审美意识，或者不能将自己的审美意识以某种方式表现出来，那这样的人生实在是太乏味了。

一个成年人拥有的物品所反映的正是他迄今为止的见识和生活方式。

举止从容是成年人该有的礼仪

因为爱好茶道，我偶尔会受邀参加茶会，发现点茶的动作真的能如实地反映出一个人的性格；去酒吧也是我每天必做的事，在那里我会被动作优美的调酒师深深吸引；在街头看到文明驾驶的司机时，我也一样会被吸引。

这些人的共同特点就是“举止从容”，换言之也就是“不着急”。

举止不从容的人一着急就无法点出一杯美味的茶。

每当酒吧满座时，我喜欢的那位调酒师就会更加从容地专注于调酒，匆忙调出来的酒看着都不会觉得好喝。

不管坐着多么高级的车，坐在副驾驶座的人都会被礼貌让行的司机吸引，毕竟，再没有比驾驶着高档车横冲直撞更难看的了！

这种从容的举止是人由内而外散发出来的气质，不会让人感觉到不自然，而仪态、举止、语气、笑容这些决定着成年人的美的几个要素都是不需要花钱的。

我吃饭的时候从来不玩手机，因为人生不会因为晚听一个小时的电话留言而发生巨大改变。我甚至认为女士们最好不要去搭理那些把手机放在餐桌上的男士，为一起用餐的同伴留出几个小时，这是一个人应有的善良。

前几天我和家人去英式酒馆喝酒，遇到了一对让人特别不舒服的情侣。年轻的女士虽然看起来不擅长聊天，但却一直在努力维持着话题，而同桌的男士却一直在玩手机。即便热腾腾的菜被端上了桌，那位男士依然边玩着手机，边用叉子一点点地叉着吃，完全一副“我对你这个女人，更确切地说，我对你这个人一点兴趣都没有”的表情。

我不清楚他们的具体情况，但那位吃饭时玩手机的男士，在我看来毫无魅力可言，甚至可以说他的举动是一种无能的体现，从一个人的用餐态度就可以看出他的出身和教养。

有一位年长的女士说：“相比于性，用餐礼仪更能反映出一个人的本性。”我听后哈哈大笑，性欲和食欲都是人的本能，但我真的觉得，还是不要和不能一起享用美食的人共度一生比较好。

大人世界的自由度

我虽然非常喜欢小孩，但是也会觉得有些地方是不适合他们去的。小孩的天性就是闹，所以并不是不允许小孩吵闹，而是大人就不应该把他们带去需要保持安静的场所。

大人有大人的特殊世界，但是与过去相比，越来越多的父母会把小孩带入大人的世界。在提供酒水的高级餐厅里活跃着用橙汁拌饭、大声哭叫的小孩，但这并不是喜闻乐见的场面。如果有哪家高级餐厅同意让小孩入店，那么，我应该是不会再去那家餐厅了。

不仅是小孩，大人们的世界也是一样。我常去的一家居酒屋是允许吸烟的，虽说允许吸烟，但如果有人毫无节制吸个不停的话，不管是谁坐在他旁边都会受不了的。而正因为允许吸烟，所以更应该在吸烟时多多注意。酒吧亦是如此，虽说酒吧是喝酒的地方，但也不会允许喝多了的客人在店里发酒疯。

总而言之，正因为大人的世界自由度高，所以就更要懂得自律。

当然我并没有催促你“赶快去了解大人世界的礼节”的意思，我自己当时也是战战兢兢地走进了大人的世界。估计在当时的大人们眼里，我就是一个不懂事的傲慢小子吧。

毕竟，无论年轻人怎么努力，他们抽着雪茄的样子只会让人感觉滑稽；而年轻女孩即便拎着爱马仕，也只会让人觉得不合身份。

我还想到一件很好笑的事儿：一位长着娃娃脸的朋友在巴黎的小酒馆吃完饭后抽了一支雪茄，结果坐在她周围的大人们都笑了。

其实横亘在大人和小孩之间的不是墙壁而是楼梯，即使非常陡峭，只要是楼梯，就一定可以拾级而上。

所以，“不要批评孩子，因为每个人都是那样过来的；不要笑话老人，因为每个人都会老去。”我一直把这句话奉为真理。

从容即温柔，
而温柔需要毅力

每当被问到喜欢什么样的男性，大多数女性的回答都是“从容、温柔的人”。

那么大人的温柔和从容又是从哪些地方表现出来呢？那就是“语气”，声调要不高不低保持稳定。

人内心的慌乱最初并不是通过外表，而是通过人的声音和语气表现出来的。每当心情有所变化时，其语调便会随之发生变化，声音也会因此变得沙哑，这是不从容的人的一大特点。

从容即是温柔，而温柔应该是贯穿始终的，这就需要毅力。如果因为心情波动则时而温柔时而易怒，那是很不体面的。因此，人应该时刻注意自己说话的方式，要先于他人察觉到自己内心的慌乱。只有这样才能在伤害尚且处于最小程度时，及时制止。

我周围那些有魅力的男士还有一个共同点，那就是他们从不讲别人的坏话，而那些爱说别人坏话的男人其实也是在对外说着自己的坏话，他们在四处宣传着："我就是一个爱说别人坏话的人。"

而且，想让他人觉得自己有魅力，靠的并不是容貌，而是神情。

与其说一个人的坏心眼儿会表现在他的脸上，不如说是表现在他的表情上。人的生活方式是会通过他的面容表现出来的，特别是人在上了年纪后，不管嘴上说得多么漂亮，无一例外，其生活方式都会从他的脸上表现出来。

我认为从面相上选人是没有错的，这无关容貌的美丑。脸是一个人的命运，而表情就是这个人开拓命运的证明。

没有值得崇拜的大人

在当今日本，成年人很容易被吸引到幼稚的儿童世界里。譬如，日本最常称赞的“可爱”就是这种幼稚世界的代表。而理想状态应该是小孩对大人的世界充满向往，并且为了成为向往的样子而不断提升自己。

但这不是孩子们的错，为什么这么说呢？因为周围的大人并没有给出值得他们崇拜的良好示范，也没有营造出吸引他们的良好环境。

前几天看到电视节目里有位星二代女孩对其父亲直呼其名，那是一个让人非常不愉快的场面，而周围那些已经成年的艺人们只是不在意地笑了笑而已。虽然有“父母兼朋友”之类的说法，但毕竟父母不是朋友。

我推测那位可爱的星二代将来应该不会有太大的出息。之所以会这么说，是因为大人的世界是讲究礼节的，父母不应该让小孩直呼其名。另外，允许小孩轻视自己的人，也不可能给孩子做出良好的示范。

乍一看他们是温柔和善的父母，但这样的教育方式只会让他们的子女在今后的生活中处处丢脸，也不知道这些孩子们长大后能否感受到成年人的一举一动中透露出来的那种不经意的优雅。

而我正是得益于身边举止得体的长辈们的言传身教，但在完全弄明白那种不经意感之前，我也为此出过很多次丑，也发生过许许多多的误会。

成熟的大人是有义务将这种不经意的优雅教给下一代的，而对那些哀叹没有大人值得自己崇拜的年轻人，我对他们的忠告就是："那么，就试着去成为那个令自己崇拜的大人吧！"

选择有时只是“因为很帅”

有些时候，我们的选择不是因为固定观念，不是因为权衡利弊，也不是因为某条消息或是别人的评价，而仅仅只是“因为很帅”，男人女人都是如此。

我坐电车的时候会特意不看手机。如果留意一下对面的座位，你会发现对面坐着的七个人全都在玩手机。偶尔遇到读书或读报的人，竟然会觉得他们很帅。

当然，看手机不一定就是玩游戏，或是看无关紧要的八卦消息，他也有可能是在学习拉丁文，也有可能在读某方面的论文，但是一味地在电车里玩手机的样子并不好看。

或许现在的你对自己的现状还算满意，但你是否也会想让自己“帅”一次呢?

前几天我在便利店遇到了一位摇滚明星，“哦，他一定是开着很炫的跑车来的！”“哦，是那位摇滚明星啊！”我正猜测着这位摇滚明星的种种，结账时机缘巧合地排在了他的后面，当看到他用积分卡结账时，我突然感觉他真的好帅。

这样说大家肯定会笑话我，可是在我看来他用积分卡结账这一举动真的是太帅了。比起那些去便利店买个东西都有偶像包袱的明星们，他用积分卡结账这一举动真的很让我感动。

确实，一个处处讲排场耍阔气的人终会在某一天露出破绽，但是话说回来，在有些场合装一装也未尝不可。

譬如一位男士遇到了自己一见倾心的人，于是逞能邀请她去高级餐厅吃饭。当他诚实地告诉对方真相时，你说被邀请的女人会因此而讨厌这个男人吗？我想应该不会。只要下一次约会时男人不要再逞能，把见面地点定在实惠又美味的居酒屋就可以了。

如果我是女方，我至少会把这样的男人纳入男朋友或结婚对象的考虑范围，因为对方既舍得下血本请自己吃饭，又懂得勤俭持家，男女双方换过来也是一样。

关于“帅”有各种各样的定义，当你觉得自己很帅的时候可以再试图把腰杆挺直一点点。因为当我们把腰杆挺直，腰部得以拉伸，身高自然就高了一点点，帅气值也会随之上涨。

而这里的关键就是对“一点点”这个度的把握。

有位年轻的女性朋友给我讲了这样一件事儿：她的男朋友第一次请她吃饭是在一家知名的法国餐厅。服务员递过来的菜单和酒单就像咒语一样，她完全看不懂。原以为男朋友一定很有自信才会定那家餐厅，谁知并非如此，男朋友对法餐也不太了解。但是，她的男朋友当时非常诚恳对她说：“我一直想和你在这样的地方吃一顿饭。”之后，他把自己的想法如实地告诉了服务员，并在服务员的帮助下认真地从菜单上挑选出菜品。那顿饭他们既吃到了美食，又度过了愉快的用餐时间。

后来他俩结婚了。现在的他们对法国餐厅的菜单越来越了解，也学到了关于红酒的一些基础知识。并且他们会精心打扮，不时地去高级的法国餐厅吃顿大餐。“能打扮精致地享用美食，这种感觉实在太棒了！”她高兴地这样说。

就像日本人会用心地在家常菜上下功夫一样，朋友对法餐产生了浓厚的兴趣。

就这样，在不知不觉中自己的世界逐渐变大，你难道不觉得这种分寸得当的“装”也非常棒吗？

读书，旅行，不说别人坏话

读书获取知识，旅途中的实践将知识转化为智慧，不说别人的坏话则体现出一个人的人品。

至少我周围那些有魅力的人都符合这三条。

想要成为一个成熟的大人，首先应该做到的不就是这三条吗？况且，这三条哪条都不难。

我在推特上有时会收到言论极端的回复。我去看了这些评论者的推特，发现这些人都有一个共同点，那就是这三条他们没有一条是符合的。再说得明白一点，这些人对知识毫无兴趣，他们只对名人的八卦好奇，他们写别人的坏话，感慨自己的现状，但从不采取行动。他们的口头禅就是“无聊”“不知道什么东西有趣”，等等。为了再增加一点对他们的了解，我去翻看了他们的推特，结果没有发现任何有意思的东西。

他们之所以会这样，并不是因为周围的环境或是周围的人无聊，而是因为他们自己就是个无聊的人。

这些人给我的直观感受就是：他们过于习惯通过电脑这个小窗口去了解世界。

我这样想是有根据的：他们发在推特上的都是自己的事情。让人惊讶的是，在他们每天发出的几十条推特里，竟然看不到任何别人的影子。

一个成熟的大人做事都是有目的的，他们只是把网络当作达成目的的手段而已。但是对于这些人而言，网络似乎就是他们的目的。

所以说，他们应该从电脑这个小窗口走出来。

但是他们也有他们的理由，他们会说，如果早些时候能通过某些方式来限制他们接触网络，那么情况会好很多。譬如，等到他们成年后再让他们接触网络，或者当时父母能给他们一些适当的指导等。但对于他们这代被称为“电子通”的人来说，网络就是他们儿时最好的玩具。

因此，也就不难解释他们会有“足不出户，也能愉快生活”

的想法了。

随着网络的普及，“只知其表不知其里”的人不断增加。他们因为缺乏实际体验，也就不会对事物有深刻的理解。但网络的吓人之处就是，它会让人产生错觉，错以为自己已经有了深刻的理解。比方说，实际上我并没有熟读那本书，仅仅只是知道书名，就以为自己已经读完了。

当然，这只是网络世界的一部分，但有些人却把这一部分当成了自己生活的全部。

当下我们的生活已经离不开网络，正因为如此，要成为一个成熟的大人，我们更应该注意网络的使用方法。

选择物品
就是选择人生

不管是送给妻子的钻石，还是每天使用的杯子，我都会以同样的热情精心挑选，这是一个美化生活的窍门。

如果生活美好，情绪就不会那么紧张；情绪不紧张了，人的内心自然会变得从容，内心从容方能善待他人。

我执着于精挑细选的原因就在这里，因为选择物品就是选择人生。

做好了美味佳肴，自然会想将它们盛在漂亮的餐具里享用；而正因为买到了中意的餐具，才会更有做饭的动力。

虽说，即使不洗澡、不清理房间，人也不会因为不讲卫生而死掉。但是，澡也不洗，工作完回来又要面对脏得一塌糊涂的家，由此而产生的负面情绪很容易使人变得脆弱。

穿衣打扮也是一样，穿着不好不会要命，只是穿得太差会给人感觉不够体面。如果连最低水准都达不到的话，人便很容易变得自卑怯懦，并容易招致负面情绪。

当人情绪抑郁的时候，生活也会乱成一团。反过来说，如果好好生活就不会情绪抑郁，善于发现生活的美是内心从容的表现。

当我情绪低落的时候，我会咬咬牙买一个漂亮的东西送给自己。餐具也好，领带也好，不论什么都可以。我会为了搭配新买的餐具，琢磨着明天应该做点什么好吃的，或是想着明天穿哪套衣服去配那条新买的领带。

这些虽然都是一些微不足道的快乐，但它们却能把情绪从低落的边缘拉回来。

再譬如，难得系上一条自己喜欢的领带，心里就会想到要给某某看，于是就会去约他见个面，购物的愉快进而延伸为老友相聚的快乐。

我有位在养老院做义工的理发师朋友，他说，即使是稍微有些痴呆的老人，只要为他们整理好头发，老人便显露出容光焕发般的神情，令人眼前一亮。

另外，我的爱人在照顾一位90多岁的亲戚，当她给老人家涂上口红，这位久居家中、足不出户的老妇人便表现得非常高兴，竟然还主动提出去茶餐厅喝下午茶的建议。

可能有人会说“不过就是件东西而已嘛”，但随着年纪的增长，我越来越觉得一个小东西或是一件小事都会影响到人的内心。

所以说，虽说只是件微不足道的东西，但它又不仅仅只是件东西。

作为一个成熟的大人，你必须懂得挑选物品。你要想清楚，现在你想要的东西是否真的有必要。

第五章

关于爱人

爱情的最佳状态是势均力敌

一位年轻朋友在他祖父去世时和我聊起的一件事让我印象深刻。

据他说，当时他80多岁的祖母在他90多岁的祖父遗像前说了这样一句话：“我到最后还是没能喜欢上你呢。”但是，他的祖母是哭着说的。

我本以为人与人之间的爱情都应该是轰轰烈烈的。

事实却是，有些人一开始确实是发自心底地爱着对方，认定了这辈子非对方不可，可是在举办了盛大婚礼的数年后，两人却以离婚收场，这样的事情并不少见。相反，原本大家以为马上就会分手的夫妻，结果却相伴终生，这也是常有的事。

总之，没有问题的爱情是不存在的。

遇到了问题是应该放弃分手，还是应该解决问题？这并没有绝对的答案。虽然我个人更希望他们能长久地在一起，但对于有些夫妻来说，分手可能是更好的选择。

在寻找恋爱结婚的对象时，人们往往会考虑对方的收入、长相、学历等，这些倒也无可厚非。但如果你能在交往的诸多场景中想到对方，我相信俩人的交往将更为顺利一些。譬如，会想把自己吃到的美食分享给对方，会想和对方一起看眼前的美景，会买一张好听的CD送给对方，等等。

我的切身体会是：爱情的最佳状态应该是势均力敌。这里的势均力敌指的并不是客观条件的匹配，而是精神层次的平衡。

没有爱，人就会扭曲

没有爱，人就会扭曲。

确切地说，如果童年没有接受过来自父母的无条件的爱，也没有体会过自我肯定，那么在之后的人生中就需要付出相当大的努力才能让自己去相信爱、肯定爱。

一个在充满爱的环境下长大的人是幸运的。

为什么我会这样断言呢？因为我就是在一个无爱的环境下长大的。

在我幼年时，因为本家一直没有男孩，于是我作为养子被过继给了本家。在本家的生活经济无忧，但唯独缺少了爱。保姆会帮我做好所有的事情，但我从来没有和父母有过所谓的亲密接触。当时的我，只会冷眼看着那些和自己没什么血缘关系的妹妹们对着母亲撒娇。父母不会责骂我，别人也不会对我发脾气，因为他们对我根本没有兴趣。

在这样的环境下，我长成了一个对爱抱有深度怀疑的青年。那时我也谈了几次恋爱，但都会在交往过程中对爱产生怀疑。

这种教育方式唯一给我带来的好的影响就是，在缺爱环境中长大的自卑感成了我写作的原动力。但在最自卑的时候，我不敢相信真的会有女人无条件地爱上我，于是恋爱中的我总是抱着试探的态度，直到现在我还一直为自己当时的无礼和薄情而懊悔。

那时的我对人是完全不信任的。

没有被无条件爱过的人，他的心灵是扭曲的，甚至还会憎恨将其置于无爱环境下的人们。

在爱和肯定中长大的人，他们的神情举止会自然地流露出自信的魅力。习惯了被爱的他们不会怀疑他人的爱，所以交往起来很轻松。在被爱的同时，他们也不吝啬对爱的付出，于是他们会收到更多的爱，而没有被爱过的人则会陷入另一个相反的循环里。

以前的我看起来很自信，但明眼人会发现我其实是一个不知道如何与人交往，也不懂得如何去爱别人的无聊男人。

现在想来，那个时候的自己并不是一个强大的人。因为强大的人懂得原谅别人，而越弱的人则越难以原谅对方。

最近别人教给我一句特别有感触的话：“原谅是与过去的诀别。”这句话是定居京都的英国籍女士贝尼西亚说的。我也在一点点地修正自己扭曲的地方，并且决定与自己的过去诀别。

随着年龄的增长，我开始试着和自己的成长环境，以及与之相关的那些人和解。其实最开始我在感情上更偏重于放弃，但后来还是选择了原谅。

另外，我还发现了一件更重要的事：我自己也得到了别人的原谅。

“你所经历的苦难都会成为人生财富”这句话并不适用于“爱”。譬如反复家暴的男人和会出轨的伴侣之类，最好一辈子都不要遇到。即使有人曾经为爱吃尽苦头，而现在过得很幸福，那么“苦难“与“幸福”这两者也仅仅是连带关系，并非因果关系。

白白在爱中受苦一点都不划算，最好不要去经历。不过，也是托那些苦难的福，我才有幸成长为现在的样子。

每个人的成长环境各不相同。能在爱中长大的人真的是幸福的，属于运气极好的人。但即使没有生活在爱的环境里，我们仍然能够在自己察觉之际，把爱找回来。

极致的爱

“为你做羹汤，陪你晒太阳，替你盖好被，伴你入梦乡，这样的每一天都让我知足幸福。”这是和歌诗人河野裕子创作的一首有名的短歌，表达了诗人对子女的思念之情。简单的文字传递出无尽的爱，一个成熟的大人就应该拥有如此淳朴而丰富的情感 。

有一天，我看着那沐浴在阳光下的被子就在想：河野女士的这首短歌其实不仅限于父母思念子女，也可以是子女思念年迈的父母，甚至是人们对素昧平生之人的想念，总之，所有的人际关系它都适用。

不管穿什么、吃什么，不管生活有多讲究，一个人是否成熟有魅力，最终还是要看他是否会爱怜身边的弱者，看他的爱有多少。成熟的大人是愿意为他人付出自己的爱的。

如果只是因为现实压力而被迫进入了大人世界，那么他很有可能尚未成熟，也无法体会到河野女士在短歌里所描绘的那种心境。

然而，像这样没有结束童年而直接长成大人的“大儿童”确实在增加，这也将波及到他们的下一代。被这些“大儿童”养大的小孩会怎么样呢？在我看来，他们将成为“大儿童”们的放大复制版。

因此，为了孩子，大人们有义务让自己尽快长大。而人只有通过自身努力才能真正长大，并走向成熟。

一个人之所以会在成长的道路上停滞不前，终究是因为自身不够强大。如果把人这一生比作渡河，那么迎接我们的并不只是清流，还有泥沼险滩。当深陷泥沼却又无力摆脱困境时，也就只得腐烂于泥沼之中。

即便是吟咏出如此深情的短歌的河野女士，也有她摆脱不了的困境。

河野女士在64岁时因罹患乳腺癌去世。其同为著名诗人，也是大学教授的丈夫永田和宏先生在她去世后出版了一本书，内容包括家庭内部的纠葛，妻子与病魔作斗争的过程，以及伴随着癌症的恶化，妻子不断恶化的精神状况等。书中记录的河野女士就如同身处地狱一般。这样的生活被过于细致地描绘出来，以至于会让读者觉得他真的不需要暴露那么多隐私。

即便是这样一位一直深情吟咏着家庭幸福的诗人，最终却受困于其挚爱以爱之名所编织的囚笼，令人唏嘘不已。极致的爱最终让爱走入了另一个极端。

越是亲近的人
越要有礼貌

我对越是亲近的人越会注意说话方式。之所以这样做，是因为我们往往在和外人说话时会注意措辞，而对亲近的人却口不择言。

和亲近的人共处时，即使刚开始说话是注意的，慢慢也会松懈下来；再者，长时间在一起免不了会拌嘴，甚至可能惹怒对方。因此，是否会惹怒对方的关键在于平时是否能礼貌地与对方交流。

平日里充满火药味的对话很容易成为引发大争吵的导火索，但是如果平时彼此说话礼貌妥当，那么即便发生了小争吵也不至于变得更严重，因为双方都只会把它看成是措词上的不注意，不会太往心里去。最重要的是，语言上的礼貌相待能加深彼此之间的爱。

另外还有一个好处就是：家里人对此耳濡目染，他们也会将这种交流方式运用到自己的工作以及交友上。

我们家说话六成是敬语，四成是包含玩笑话在内的普通措词。

在夫妻这种亲密关系之间使用敬语的好处在于，每当发生口角时，因为是敬语，所以吵架不会太难看，也不至于让包括小孩在内的第三者听到难听的话。毕竟，没有比吵架时的口不择言更难看的了，礼貌的措词会让本人，以及周围的听客都感到幸福。

如果由着自己的性子大声说话，甚至说脏话，之后必定会陷入深深的自我厌恶之中。这不仅伤害了别人，也同样伤害了自己。

有位常年行医的朋友再婚后与现任妻子相敬如宾，过上了幸福的生活，他说能很明显地感到现在的自己与病人、同事相处也比以前更为和谐了。据说，秘诀就是他和妻子都非常注意自己的说话方式。虽然作为一位经验丰富的医生，他不会将家里的鸡飞狗跳写在脸上，但是再婚后和谐美满的夫妻关系着实让他的工作变得充实起来。

措词代表着用心。

爱人也是爱自己

有位男性朋友不愿将自己的时间和挣的钱花费在别人身上，于是他决定不结婚。每个人都有自己的想法，我无意否定，只是觉得这种想法有些荒谬。就好像别人邀请你去家里玩，而你却只买了一份自己吃的蛋糕带了过去一样。

与人相知相爱，就是在自己的心里为对方留一个位置。如果你不能为对方预留出时间和心思，那你也就不可能让你爱的人幸福。

真希望那位朋友能意识到这一点，只要爱的人幸福，自己是不会吃亏的。因为正如你会把自己的时间和心思花在爱的人身上一样，你爱的人也会为了你花费自己的心思、时间以及金钱。

还有另外一位朋友以不生孩子为条件结婚了，她说不想把自己人生最重要的时期花费在养育孩子上，而且她也讨厌一辈子为孩子负责的压力，不过最主要的原因是她和父母的关系不好，以至于她对生小孩有抵触。

但是她并不讨厌小孩，她虽然自己不想生，却认为社会有必要养育孩子，并且每个月都寄钱给孤儿院。据说孤儿院会定期给她寄感谢信，她每次都会很高兴地说孩子们的字写得越来越漂亮，内容也写得越来越好了。虽然方式特殊，但这也是我这位朋友能够做到的最好的育儿方式了。

不管通过什么样的方式，给予别人的爱最终也是留给自己的。

第六章

关于年纪的增长

现在的你决定了
你老后的样子

如果没有意识到“变老也代表着人在成长”，那么你一定会恐惧变老。我想对年轻人说的是，请不要将眼前看到的作为判断一切的依据。确实，老人家的容貌已经衰退，性格也变得执拗，他们的存在会让人联想到衰老、患病和死亡，这些都会让人对变老望而生畏。

但年龄的增长带给我们的不是只有身体的老化，逝去的青春将会为我们换来同等重要的东西。那些只有随着年龄的增长才能获得的东西是年轻人很难用眼睛看到的，但那些才是真正重要的。

我今年82岁，本以为周围的人要么去世，要么痴呆，要么正在和疾病作斗争，不曾想活得精彩的也大有人在。有人在攀登几千米的高山，也有人和年轻人组成乐队去日本各地巡演，等等。

随着年龄的增长，我发现并不是老人变厉害了，而是本就很厉害的年轻人变老了而已。因此，想要变成什么样的老人，是由年轻时候的自己决定的。

害怕变老只是对现在的自己没有自信罢了。变老、生病和死去都是不可避免的，我们能做的唯有努力让自己当下的生活变得更精彩。之前在网上看到这样一句话："如果为了让自己老了之后好过而忍耐一切，那这样的人生其实已经老了。"

因为恐惧变老而牺牲当下的青春才是最愚蠢的。

坦然地“向年轻告别”

好好地“向年轻告别”是非常重要的事。

与其自欺欺人地假装年轻，不如努力成为厉害的大叔大婶。

千万不要因为拒绝向年轻告别而让青春扭曲，最终长成一个很不体面的大人。

不接受自己变老的老人和行为怪异的年轻人是一样的。前几天我就遇到了这样一位女士，那对夫妻很有钱，是我偶尔会去的一家料理店的常客。每次见到他俩，都会发现那位太太的脸因为不断整容而变得越发僵硬，以至于我都不好意思直视她的脸。这位太太原本长得很美，但如今从她的脸上却感受不到一丝岁月留下的知性美。

有一天，在店里吃饭时听到她说了一句让我怀疑自己耳朵的话：“有位年轻男士正朝我这边看呢！”她说得就好像是那位年轻男子被她深深迷住了似的，但事实并非如此。年轻男子的视线确实无法从她脸上移开，只不过不是痴迷于她的美貌，而是因为她那张多次整容的脸看上去太过奇特了。可是这位太太患上了“青春妄想症”，并没有意识到男子眼神中的惊疑。

接受变老这件事，不是从感性上去接受，而应该是从理性上。呈现给别人的你和实际的你年龄越接近，则意味着你越接近成熟。

就好像为人父母会希望孩子慢慢地长大一样，我们也只需要慢慢地接受变老就可以了。

现在的你，
是过去一切选择的累积

你对现在的自己满意吗？还是十分不满呢？

但不论怎样，是目前为止你做的所有选择共同成就了现在的你。

有位才50岁的朋友告诉我他上面的牙全部都是假牙，这实在让人不敢相信。我感觉除非遭受了严重的外力影响，平时正常刷牙的人牙齿不至于损坏得如此严重。当我和牙医朋友聊到这件事的时候，朋友却告诉我这根本不是什么稀奇事，他说："从一个人的口腔状况可以看出他当下的生活状态以及他的性格。"

我也听眼科医生说过，现在眼睛不好的年轻人多得吓人，

若非医学上取得突破性进展，这些人今后将会一直被眼疾困扰。

还有一位因糖尿病恶化而住院的男性朋友，他的祖父和母亲也都是因为糖尿病恶化去世的。可是他明知自己携带有糖尿病基因，却并没有对饮食有所节制。他还曾多次尝试减肥，但都以反弹告终，以至于糖尿病越发恶化。我还有朋友因为酒精依赖症而苦不堪言……

这些朋友们都有一个共同点，他们原本有很多次改善病症的机会，但他们都没有好好把握，任由事态发展到了不可控制的地步。

人生有一条分界线，如果把错误控制在分界线以内，我们尚且可以重新来过。人际关系也好，散漫的生活态度也好，疾病也好，不管什么都是如此；但如果越过了那条线，人生将无法回到最初的状态。

尼采有一句名言："活在危险中。"如果遇到什么问题就无法重新站起来，那只能说明这个人太鲁莽轻率。正如刚刚例举的牙齿、眼睛以及疾病等问题，它们确实在不断恶化，但只因进展缓慢，人们作出了错误的判断。而事情发展至此他们仍以为能想办法解决问题，这种盲目的自信大概就是导致大家如此疏忽的主要原因吧。

如果你现在不为了成就将来的自己有意识地作出选择，那你将无法成长为自己理想的样子。在电车上，我的两侧坐着两位形成鲜明对比的年轻人。一位沉迷于幼稚的消消乐游戏，而另一位则一直认真地读着科研书籍。我只是偶然和他们共处了几十分钟，却已经能预感到这两位年轻人的未来将会有很大的差距。

人生来就不是平等的，而每个人的未来都是由自己众多的选择积累而成的。

如果现在努力的话，将来也许会少受一些苦。

按自己的意愿变老

义务教育、大学、工作等的环境是不由自己的主观意识而改变的，所以年轻人只得顺着这些楼梯一步步往上走。一旦迈入了大人的世界，就只能靠自己去重新设定思维方式和心态，慢慢让自己走向成熟。但也有不少人并不是自愿成为大人的，他们只是因为无法再当小孩而被强行推入了大人的世界。

更何况，人到老年并不仅仅只是为了活着，而是要让自己活得有意义，这就需要强烈的意志力。想要让这份强烈的意志力得以长久持续，就需要对某件事情保有高涨的热情，而这种高涨的热情并不是在退休之后突然涌现出来的，它来自年轻时“专注于某件事所感受到的快乐”。年轻时的爱好会在人生的某个阶段如海啸般猛然扑过来，这个爱好可能是读书，或者是旅行，又或者是收集某样东西，因人而异。它会丰富你的人生经验，当你年纪大了精力下降时，成为帮助你恢复精力的一个契机。

所以说，不要做“等待老人”，只等着有意思的事儿找上门；而应该做一个“行动老人”，积极寻找有意思的事儿，按自己的意愿变老。

失去目标人就老了

一旦失去人生目标，人的精神就会急速衰老。不只是老人，年轻人也是如此。

所谓的“目标”不仅仅是实际产出某个东西，还包括精神活动的产出。我周围那些认同生活有意义的人，无一例外都是一直在做着某方面的事情。

我朋友的太太，50多岁时突然抑郁起来。看着她脸上的笑容越来越少，周围的朋友们都很担心。从旁人看来，她出身富贵人家，丈夫从事着社会地位很高的职业，孩子们也毕业于好的大学并按部就班地长大成人，实在不明白她究竟在烦恼些什么？

据说她为此去看了心理医生，医生问她：“你的人生目标是什么？”仔细想来，孩子们都自立了，原本感兴趣的料理也因为只剩自己和丈夫两人而懒得再去折腾，每天起床后都是一副什么都不想干的状态。

在医生的建议下，她不仅重新拾起了喜欢的料理，并且每天都会给自己做好的菜拍照，然后上传到脸书上。

就这样，她的脸书上多了不少朋友和熟人对菜品的评价，以及想要向她学习做菜的留言。现在的她早已康复，并开设了自己的料理课堂。

我们不需要摆出一副必须要大有作为的夸张态度，能学到一点知识，增加一些体验和见识才是最重要的。

老有所为既能带给别人快乐，又能为自己带来或多或少的收入，这种喜悦与年轻时从成就中所获得的喜悦是不同的。

人上了年纪，最关键的是是否能持续感受到自己的成长。

前几天有电视节目提到，重度游戏依赖人群大幅增加。其实这种“游戏依赖”早已被世界卫生组织认定为“游戏障碍症”，是一个世界性的问题。

节目讲述了一位患游戏障碍症的年轻人的一天。他睡到下午才起床，在之后的20个小时里除了吃了一盒泡面，其他时间都在玩网游。因为昼夜颠倒，再加上没有肢体活动，所以即便钻进被窝也怎么都睡不着。他从之前工作的公司辞职后，在合租公寓四叠半[①]的房间里宅了一年半，这期间他每天都沉浸在游戏世界里。

节目中另一位女性则沉迷于虚拟恋爱的游戏。她说，她为了这个游戏大概花费了70万日元。

他们在生活中没有任何作为，只是将时间和金钱浪费在了游戏上。本来玩游戏应该是轻松快乐的，而他们看起来却很痛苦，正年轻的他们活得像已经放弃了未来的老人。

让生活有所为的关键就是要对某件事感兴趣。只有喜欢才能持续做下去，并且非常重要的一点是，在做的过程中要与他人有互动。

比如，去美术馆或电影院时不要只是看完就算完事儿，要与有相同经历的人交换意见或感想，或者将自己的感想上传到网上供网友品评，像这种增加附加值的做法会让体验变得更丰富。

前面提到的朋友太太的例子也是一样：做饭并不是全部，

---

① 四叠半：传统和室的经典规格。叠，是用来计算房屋面积的单位，也就是一张榻榻米的大小。——编者注

而是通过上传到社交软件这种做法增加了做饭的附加值，让本已停滞的人生焕发了生机。

任何事情都是这样，通过在做的过程中与他人互动，自己也会变得越发积极。

一直忙于工作的人一旦退休，会因为无事可做而突然变老，这是因为他们失去了生活的目标，不再产出任何成果。

当人朝着对的方向跃跃欲试时，他不仅不会老，反而会愈发年轻，因为有精气神的人自然会显得年轻。

人不能总活在过去的成就里，如果现在不做点什么，那么即便是年轻人看上去也像个老人。然而想要在生活中有所作为，并不是今天下决心就马上能实现的。迄今为止你的人生经历、低落期的心情体验，这些都将成为在生活中产出成果的契机。

当然，我们的目标也可以是成为一个优秀的业余爱好者。

音乐家都是从小开始练习，如此反复几十年，并且还在不断地为自己设定更高的目标。他们的人生是富有创造力的人生，而我们即便现在马上开始学习乐器，达到音乐家水平的可能性依然为零。

但我偏要去学习乐器。我常听人说，一个爱好音乐的人也可能对音乐世界一知半解，而学习乐器将会加深他对音乐的理解，使他从中感受到音乐的魅力。

当然，也有即便是半路出家也可能接近专业水平的领域，这个领域就是写作。乐器必须从小不断练习，而写作就是语言的应用，大家都是自幼就开始了对日语的听说读写，都有一定的语言基础。而且，伴随着网络的普及，大家可以在社交软件上随时随地地练习写作，这都为人们在写作领域有所进步创造了条件。

即便是在其他领域，只要是大家平时会接触到的，你都有可能成为一个优秀的业余爱好者，譬如做饭、养植物这些日常生活的领域。

也许我们在人生一开始时没被赋予学习的机会，现在正是逆袭的时机。

正因为小时候没有条件而没能成为某些领域的专家，所以这些让人憧憬的目标更能够在之后的人生阶段中鼓舞人们不断学习、不断创造。

年龄增长
不见得都是坏事

“随着年龄的增长，自己的可能性也随之减少。”这是年龄增长给人带来的喜悦之一。

你可能会疑惑，为什么说这是一种喜悦呢？年轻时，我们常常会苦恼于自己无从应对众多的可能性，等年纪大了能力受到了限制，反而可以集中精神应对为数不多的可能性。

年轻时的我可以胜任所有角色，但上了年纪的我却什么都不是。这不是自我贬低，而是我真实的感受。

有位非常出色的女演员在一起喝酒的时候向我坦白，她年轻时经常有人建议她说：“你可以去当模特。”但当她第一次在巴黎的时装秀上看到那些手脚细长、美得不可方物的模特时，她惊呆了，简直不敢相信她们也是人类。于是后来她还是选择当了演员，因为认识到自己离模特的标准太远了。还有一位活跃在日本歌坛的歌手，因为有人说他才华出众，于是他一直在挑战百老汇的试唱，结果总是以失败告终。

如此来看，存在越多的可能性也就代表会让年轻的自己经历更多的失望，但只要渡过那个时期，人便会清楚地知道什么是适合自己的，那些留下来的为数不多的可能性也就确定了下来，即使老了也能自信并坚定地沿着这个方向去挑战自我。

与年轻时不同，人只有老了才能获得这样的自信。

时间对每个人都是公平的，人生的每一个阶段都会如期而至，只不过时间的品质会因人而异。

我甚至觉得“年轻”是一种早晚会被治愈的“病”。当然，年纪大也有年纪大的痛苦，但年轻时的纠葛则更为激烈。

但是看了最近的新闻，我感觉大家人生体验的顺序错乱了。50多岁这一代人本该享受并充实自己的生活，但是因为长寿老人的增加，他们为了照顾年迈的父母而疲惫不堪；相反，本应照顾他们晚年的子女们却宅在家里啃老，这样的例子比比皆是。

另外，还有人为了将来有所成就，借着助学金读完大学。但为了还债，即使工作了他们仍不能随心而活，最终只得父子双双破产。这样的事例也并不少见，人生的意外实在是太多了。

一休宗纯[①]受托在孙子的庆生宴上写幅字，于是他写下了“父母死，子女死，孙子死”的字样。为此他被大家责问为什么要写这么不吉利的话，而一休的回复是：世上最幸福的事就是按照父母、子女、孙子的顺序去世。

是啊，一家人规规矩矩地按照顺序老去便是幸福。

我的老伴儿经常感慨：老了真好。年轻时的她只要去国外的餐厅，总是会被视作“某人的配偶”来对待，现在老了，大家总算将她视为夫人来对待了。

事实上，对待他人的态度不应因年轻或年老而有所区别，只需将对方视作一位本就应该出现在这里，并且值得被礼貌相待的人来对待。照我老伴儿的说法，一个成熟的女人，她能用不输男人的优雅把控全场，并且能从中感受到快乐。这样的场合并不会因为花钱多而被优待，它考验的是个人是否真正具有迷人魅力。

一回到东京的家，我的老伴儿就会恢复到那个斤斤计较的太太，抱怨现在沙丁鱼一条竟然要卖300日元，而过去家附近的鱼店老板会免费送给自己；当她去到法国时，又变身为漫步

---

① 一休宗纯：日本室町时代禅宗临济宗的著名奇僧，著名的诗人、书法家和画家，“聪明的一休”原型。——编者注

在巴黎格兰美的优雅妇人，而这两种状态下的她在我看来都是极具魅力的。

而且，随着年龄的增长，我终于敢坦白地承认“不知道就是不知道”。年轻的时候我会不懂装懂，那时候的自己羞于承认自己什么都不知道。现在，我已经从“不知自己无知”成长到“认识自己的无知”。

譬如，我在天妇罗店吃饭时会问对方：“银宝是什么样的鱼呀？”而去法国餐厅时，我则会对侍酒师说：“还是拜托您来帮我搭配红酒吧。”这样我就可以悠闲地享用美食了。

尊敬专业人士，因为他们会从专业的角度来为您提供最高档次的服务。

所谓成熟的大人，就是在不明白的时候能从容并坦诚地问：“那是什么？”这样一来，我们会不断地接纳新的知识，拓展新的视野。

即使因为医学进步，人的寿命被延长到了300岁，但那时的你也会和现在一样对很多事情都不了解吧。想要一直保有好奇心，就要保持着什么都想知道的心态。这样的话，人才会慢慢成熟。

如此看来，年纪增长也不见得全是坏事。

总有一天一切都会结束，那么趁现在加油吧

我喜欢的歌手山崎方代有一首歌这样唱道：“如果我死了，我心里怀念的父亲会怎么样呢？”

一个人死了，认识他的人也都不在了，这样他就完全从这个世界消失了。

所以说，人彻底消失要经历两个环节，首先是死亡，然后是被世人遗忘，而被遗忘才是最终的死亡。

没有人能逃脱这样的命运，有些人会因为自己的作品或生活方式被人们永远记住，但没有人能因肉体不死而得以永生。但我觉得那样挺好的，死亡本就是完全被人忘却。

死是一件恐怖的事情，恐惧死亡是人类作为动物的本能，

人类是唯一知道生存的尽头是死亡的动物。他们虽然计算着宝贵的每分每秒，知道自己终会走到生命的尽头，但却又在浪费时间，将活着视作理所当然，没有意识到死亡正在一步步靠近。

你知道你会什么时候死吗?

死亡，或许就在三天后。

也就在最近，我的一位40出头、爱好登山的女性亲戚从山上滑落而亡。早上出门时她还说：“我去去就回啊。”可惜之后就再也没能回来，留下了三个年幼的孩子。

夜里我躺在床上想起她的音容笑貌，不由得流下了眼泪。

正因为如此，只要遇到心仪的对象，我便会毫不犹豫地表达我的好感；只要碰到喜欢的东西，我便会毫不犹豫地将其买下；只要想去旅行，我便会去自己能去的地方走走看看。

直到活到82岁我才知道，“因没做某事而感受到的后悔”比“因做了某事而感受到的后悔”要深得多。

有想做的事情就尽力去做吧，假设自己只能活今天一天，也假设自己能活到永远。

畏惧死亡的人，也同样畏惧生存。

如果出生值得庆贺的话，那么死亡也应该受到祝福。

如果有一个能让自己从这个世界瞬间消失的按钮，你会按下它吗？就好像你从未在这个世界出现过一样，这个按钮会把你从别人记忆中彻底删除。

我感觉应该会有很多人想去按这个按钮，尤其是看到每年那么多人选择自杀，我就更加坚定了我的想法。

但也无须担心，因为所有人在出生那一刻就已经被按下了按钮：总有一天要彻底消失。

“总有一天一切都会结束，所以趁现在加油吧！”这个想法拯救了我很多次。

第七章

关于自我实现

不在无可奈何的事情上费心

是否实现了自我，指的就是你是否成为了想要成为的自己。

但是，即使能够接近自己的目标，也不可能完全成为理想的自己。

所以，实现目标固然重要，但如果因为没有实现目标而经常发牢骚，在无可奈何的事情上费心，那这个人将在不满中度过一生。

能百分百按照自己的意愿过完一生的人，过去不曾有过，我想将来应该也不会有吧。

活了82年，我感觉人最多能把握住自己人生的50%，而想要去控制别人就更加不可能了。

经常会有人向我诉说生活的艰苦，但这些人基本都是因为无法由自己控制的那50%而烦恼。

我们现在应该做的就是处理自己力所能及的那50%，而生活中必然会存在“无能为力的部分”，对于这部分，即便我们倾注了全部心力也无济于事。

去做那些“总有办法解决的事”吧！或许，通过你不懈的坚持，有些原本无能为力的事也能在过程中得以解决。

正因为如此，“今日事今日毕”，现在能做的事我从不拖延到第二天。

具备强大的自我身份认同

自我身份认同是一个人的核心，具备“自我身份认同”的人不会被生活中所遭遇的各种困难击垮。

比如，对我来说自我身份认同就是写作。这辈子我遇到了很多的烦心事儿：自己出版社的经营问题、人际关系、父子分别、受到无端的抨击，等等，但我都用“写作”克服了。在“自我身份认同”这个问题上有一件很重要的事情必须牢记于心，那就是不要依靠他人或物品，人得凭借自己的能力立足于社会。

他人和物品终究会离你远去，人心是会变化的，而物品也毕竟只是自己的附属品。我们不能将自己托付于那些不确定因素，所以自己一定要具备强大的自我身份认同。

譬如，虽然自己的工作和相貌都不出众，只是一个平凡的人，但如果能意识到自己热爱家庭这一点，就会明白“我是一个珍惜他人的人”。这是一个非常棒的自我身份认同，因为如果只是把家庭当作自己引以为傲的依靠，那么一旦失去了家人，人的自信就会崩溃。

因此，即使失去了很多，也一定要保管好自己最后沉淀下来的东西。

这是实现自我最重要的事情。

人们常说“人要温柔坚强”，我则认为还要“内心强大”。只有这样，坚定的自我身份认同才不会动摇。不管身处什么职位，亦或是失去了地位和名誉，也不管年龄多大，能够靠自己立足的人便是成熟的大人。

不是过去决定未来，而是未来决定过去

“不是‘迄今为止’决定着‘从今以后’，而是‘从今以后’决定了‘迄今为止’。”这是理论物理学家佐治晴夫先生说的话。这句话为那些想要实现自我，但又觉得一切为时已晚的人带来了希望。所有人都曾经历过糟糕的事情，也曾受过心灵上的创伤。但是，诚如佐治老师所言，“从今以后决定了迄今为止”的意思是：对过往的理解是可以改变的，只要我们从现在开始付出努力。

虽然已经发生的事情无法改变，但我们可以改变对过去的理解。从对自己的未来抱有希望的那一刻开始，你就已经在改变着对自己过去的理解。或许你会懊悔，如果过去的自己能早

一点想到这些就好了。但你要明白的是，正是到目前为止的人生经历才让你产生了如今的觉悟。你能意识到这一点，正好证明了对过去的理解是可以改变的。

我不知道什么时候能迎来人生的转机，但是如果十几岁时没有努力，那就二十几岁时多努力；如果二十几岁时没有努力，那么在三十几岁时加倍努力就可以了。人无论什么时候努力都不晚。或许努力并不能让你到达自己想去的地方，但起码应该能让你到达自己该去的地方。

人这一辈子并不存在什么特别重要的时期，因为每个年龄段的每个瞬间都是重要的。所以说，年轻人的时间和老人家的时间都是同等重要的，任何时候做出改变都有价值。

思考自己的边界

我年轻时社会上流行的风气是“不要给自己设限”。也许现在仍然还有这样的说法，但我反而想提倡“设定自己的极限”。

以何处为界？我的评判标准就是“再往前走自己是否能获得幸福”。如果觉得不能，那就可以放弃，但放弃的前提是必须付出了足够的努力。

在平昌奥运会取得两连冠的选手羽生结弦在召开日本记者招待会时表示：“我会竭尽全力做到最好，即便力不从心也要全力以赴。”这句话说得特别好，同样适用于我们这些普通人，它的重点就是“即使力不从心也不要完全放弃”。

力不从心之时也要尽量集中精神把控住自己，这不仅适用于奥运会的金牌得主，也能应用于工作以及人际关系。

我想，正因为羽生结弦清楚自己的极限，才能合理制订战略，从而在受重伤的情况下仍能拿到金牌。倘若他不为自己设限，一味冒进，可能不但金牌拿不到，人也会因过度透支而留下伤病。

要知道，“烦恼”不同于“思考”。烦恼不能解决任何问题，但思考却能找到最好的解决方案。如果一个方案行不通，就继续去思考第二个、第三个好的方案。

烦恼属于心理领域，而思考属于行动领域。当遇到问题时，可以因此而烦恼，但首先要去积极思考。要充分考虑各方面情况，然后，把经过深思熟虑的想法付诸于行动。

“认真但不较真”，这才是一直保持强者状态的秘诀。

优秀源于日常准备

有一天我去朋友家拜访，没成想聊得太起劲儿，时间有些晚了。朋友的太太怕我们饿，为我们端来了美味的饭团、酱汤和小咸菜。

这些虽然看起来很简单，但却非常美味。若非平日就擅长做饭且懂得照顾他人的人，大概也不会有这么用心的举动吧，为此我很是感动。

还有一次，我在非常寒冷的冬日去拜访一位朋友，那天朋友为我准备的不是茶点而是砂锅乌冬面。开餐之前他问了我一句："回去你还打算吃饭吗？如果不打算吃的话，我就煮砂锅乌冬面了啊。"

另外，我还有一位年轻的朋友，不管日本哪里发生了灾害，他都会轻装上阵积极地参加志愿者活动。从事餐饮相关工作的他会将食物和救援物资装上卡车，然后驱车前往。出于职业习惯，他会为受灾群众用心地选择食材，避免食材重复以致大家吃腻。

从日常琐碎的小事到遭遇灾害这等大事，朋友们之所以能这么体贴用心，只因为这些都是他们平日早已养成的习惯。

比起听人说了些什么，我更愿意看他做了些什么。

人生在世，虽然无法事事准备妥当，但若能在“一定程度上做好准备”便算得上是成熟的大人了。有备则无患，准备做到位才能及时地把握机会。举个身边的例子，如果平时不注意提高自己，那么即便收到喜欢的人的邀请，也无法和对方很好地交流，这会让对方觉得你很无聊，自然也就不会再有下一次的邀请了。

我们在做决断时不可能得到100%充足的信息，因此，我们需要提前做好准备。

自古以来就有“准备占八成，工作占两成”的说法。人在面临突发状况时应该处变不惊，并保持“时刻准备着”的状态。

生活的艰辛真会将人击垮

人们常说趁年轻多吃点苦吧，但我却不以为然。

硬要说的话，只有让人有所成长的苦才是人生的财富。一味地吃苦并不能磨炼人的本性，经历的艰辛也不全都会使人成长。

如果可以，最好不要吃多余的苦。但是我要强调的是，没有人可以一辈子一点苦都不吃，改变人生的关键就在于能否从苦难中吸取到教训，有所学习。如果没有“不被艰辛打倒”的强烈信念，人很容易就会被击垮。

而所谓的艰辛不止是别人让你背负的，还有很多是自己制造的。每当感觉到生活艰辛时，不妨客观地自我反省一下。你会发现这种情况下的自己一般都处于消极状态，会说谎、不坦诚、情绪紧张等。

其实艰辛也是可以靠自己去减少的。想要减少人生的艰辛，你需要具备“不把责任推卸给别人”的高觉悟，并且你还要大方地承认现在的你是自己选择的结果，与他人无关。如果不能，那这个话题就没法儿再聊下去了，因为如果你一直不断地把责任推卸给别人，认为所有的一切都是父母、上司等其他人的错，那么你将一直以受害者的身份自处，认为是别人毁了自己的人生。

这样的人最后很可能会犯下滔天罪行。譬如，秋叶原无差别杀伤事件的犯人就将自己的犯罪归咎于别人：他妈妈的教育方式不好，在公司受到欺负，在网上受到攻击……这样一个已经可以独立思考、自主行动的成年人竟然一直把责任推卸给别人！甚至将结束他人性命的原因也归咎于别人！最终，法院给予他死刑判决。

把自己的艰辛归咎于他人是很简单的，这就等于在说自己不努力的原因是由别人造成的。

以同样的理由犯罪的人络绎不绝。在过去那个没有网络的时代，比我小几岁的永山则夫犯下的连续射杀事件也是如此。

即使在当代，以美国为首的枪支管制宽松的国家仍然频频发生枪击事件，而且无论什么年代，每每问及犯罪原因，罪犯毫无例外都会把错误归咎于别人。

这种想法显然是错误的，思考如何让自己摆脱严酷的环境才是正确的做法。

其实一切都是“自己的错”，我坚持认为应当从自己身上找原因。不管条件多么苛刻，都要靠自己手里的牌来决战胜负。“原因在自己身上”和“受害者意识”是完全不同的。认为“原因在自己身上”的人有能力克服困境，而不能摆脱“受害者意识”的人，艰辛终会将他击垮。

对自己负责

所谓实现自我，最基本的就是自己保护自己，自己珍惜自己。

即使没有被他人温柔对待，也要自己善待自己，但不能将自我保护和自我骄纵混为一谈。

在我认识的音乐家里，有一位很有才华的颤音琴演奏家。我特别喜欢他的演奏，而现在的他却是双目呆滞，身材肥胖，因吸食毒品而被逮捕，并且在缓刑期间再度因毒品被逮捕。他服刑的那几年我们没有见过面。

尽管如此，我现在偶尔还会去听他的演奏会，也会邀请他一起吃饭。不过，现在的他早已不同往日，他的演奏水平已经达不到以前的一流水准，吃饭的时候也经常会服用精神安定剂和抗抑郁剂。

但我期待着有一天他能重振旗鼓，回到当年的样子。当然，对于他来说这需要时间。

作为对自己不负责任的惩罚，他失去了大家的信任，以及音乐家的名声。尽管如此，仍然有很多人相信他，不离不弃地追随着他，并期待着他的复出。

确实，接触毒品犯下如此罪行的他简直愚蠢至极，但我们也应该给他重新来过的机会。人并不是走错一次就永远不得翻身。

为了弥补回那些“失去的时间”，他今后一定会吃很多苦，但他并没有失去未来。

肯定平凡的价值

“难道自己就这样毫无成就地死去？”无论是谁，即使是成就了伟业的人，到了弥留之际也会有这样的想法。

吉本隆明[①]先生的著作里有这样一段话，我深有同感：“那些在市井角落出生长大，娶妻生子，最终变老死去的人其实与千年一遇的大人物的价值是完全一样的。”

这里提到的“千年一遇”的大人物就是卡尔·马克思。

作者在书里所表达的就是：像马克思这样名留千古的大人物，其实和你我的价值是一样的。

① 吉本隆明（1924—2012）：日本著名诗人、评论家、文艺理论家。1952 年以《与固有时间的对话》等诗篇跨入文坛，1954 年获得“荒地诗人奖”。著有《对于语言美是什么》和《共同幻想论》等作品。

吉本先生还有一些我很赞同的话："结婚生子，然后子女独立远去，最终自己年迈死去，像这样度过一生的人才是最有价值的。"这句话直接说出了我的人生观。

当然，那些所谓的大人物，既有值得大家崇拜敬畏的人，也有让人觉得并没有什么了不起的人。但不管怎样，这些大人物们和我们都是平等的。比起超级明星的奢华生活，我会选择与父母、子女、爱人和朋友聚在一起，过着让人心情舒畅的生活。

或许自己没有成就什么伟大的事业，但如果能肯定自己的人生是美好的，那就是最幸福的事情。

这就是我所说的自我实现。

为自己找一个心灵避难所

到了80岁，年轻时都能做到的事我都已经感到力不从心了。虽然很多事都无法完成了，但只要有一件事是别人不会的就够了。想要做一个在所有方面都全能优秀的人是很难的，但只要有一项自己的绝活，那么即便上了年纪也能找到生活的乐趣。

我玩了七年多推特，很多人给我留言说："我完全没有想做的事，也没有一技之长，甚至没有任何喜好。我应该怎么办才好？"这也就是说，他在自己身上找不到一个闪光点。这实在是对自己太没有信心了吧！所谓"找到想做的事"，指的就是在自己的自信领域尽兴。

读了他们的留言，我觉得与其说他们是在找自己想做的事，不如说是在为不想做找借口。这里有一点很重要：不要在意别人会怎么看自己，只要自己开心就好。

我就是因为喜欢所以在做这个，虽然它并不能带来足够的收益让我以此为生，但只要我自己喜欢那就够了。热衷于某件事情，就等于是为自己的心灵找到了避难所。只要从中感受到了快乐，即使偶尔遇到不开心的事，也能让自己有一个得以喘息的地方。还有一点非常重要，想做的事必须要与人打交道。如果害怕与人交往，将自己封闭在狭隘的世界里，那就体会不到生存的意义。

我的想法是“做了就算赢了”。一旦开始犹豫“该怎么办才好”，只要不给别人添麻烦，我都会试试看。“做”与“不做”也就是“有”或“无”的区别，但最怕的是能做的事却没有做，那将留下长久的遗憾。

人生可以像农作物一样“一年两熟、一年三熟”

常听人说，25岁的运动员在体育界已经算是老人了，而到了30岁就差不多该退休了，甚至还有些体育项目的黄金期只局限在十几岁。

运动员们自幼沉浸在体育的世界，并为体育奉献出了自己最宝贵的青春。即便深知运动员的职业生涯非常短暂，他们仍会不断向全世界发出挑战，直到有一天他们的成绩不再优秀，他们就会宣布“隐退”，不长的体育生涯也就到此谢幕。

之后，那些风靡一时的运动选手们便会开展各种各样的第二职业。据报道，美国职业橄榄球大联盟（NFL）有近八成的选手在退休两年后破产或是接近破产，而美国篮球职业联赛

（NBA）有六成选手在退休五年内破产，美国职业棒球大联盟（MLB）也是一样的状况……

如果认为人生只如一年一熟的农作物，那运动员的这种处境也就不足为奇了。

但是，人生可以有好几个阶段，正如农作物有一年两熟、一年三熟的熟制一样，一段职业生涯的结束并不是终结，它仅代表着人生应该迈向下一个阶段。拿体育界来说，运动员们可以开辟解说员或教练员这两条发展道路。但从现状来看，有很多人并没有为自己规划，没有选择这两条路的人不在少数。

不光名人如此，普通人也是一样。若不是特别担心当前的职业生涯会结束，很难有人会持续保有生活目标。我特别想对年轻人说的是，如果梦想和希望破灭了，那就赶紧寻找自己下一个人生目标。“梦想仅有一次实现的机会，职业生涯也只有一次”的想法是不对的，人完全有可能迎来两次职业生涯。如果长寿，甚至可以拥有三次。

所以说，千万不要那么悲观。有一句话我很喜欢：“如果想变得乐观，那请先变得客观。”客观分析自己的处境，可能会发现新的机遇，与大家共勉。

前几天，我在推特上发了一句：“人生可以拥有第二次职业生涯，甚至第三次。”结果有人回复道：“你是不知道如果人生失败，就得马上退场这个现实吧。”可人生就是要不断地接受“失败”的啊，即使输了100次，只要在第101次赢了那就很优秀。

而正是因为知道了失败的原因，才能更好地走向下一步。

后记

随着年龄的增长，我的身体开始老化，身体机能在逐渐衰弱，但我并不为此担心。因为，或许我的身体会因机能衰退而死去，但我一定会让自己的精神变得无比强大，这就是我的人生信条。

诚然，随着年龄的增长人会日益强大，但这并不是生活的全部，我们追求的应该是不断提高生活的幸福度。

比如，只有“不同于自己却又在某方面值得尊敬的人”“喜欢得不能自拔的人”“无条件想让其幸福的人”都生活在自己身边，人才会有努力活下去的动力。能这样想的人是幸福的，他们能以此为力量温暖地生活。

“当面临选择而迷惘彷徨时，那就选择美的那一方吧。”这是我的人生结论。人生总会伴随着后悔，回顾过往，我们常常认为自己在某个时候、在某种情况下，应该还能做得更好一些。但是，你所经历的一切都不会是徒劳，包括曾经的后悔。正是所有的经历和沉淀才会让你懂得，那时候之所以会那样做也是没有办法的事儿，那个时候的自己也是尽力了。

只有这样才能挽回人生的意义。

我认为，所谓的成年人，就是能理解“伤害和被伤害共存”的人；同时，也是能理解“既要原谅别人，也会被别人原谅”的人。

当你在人生长河中迷失，那就选择美好的一方就好，选择快乐的一方就好，选择会让对方高兴的一方就好。没有必要考虑得太复杂，往后余生，如果能单纯地择优生活那是再好不过的了，但我想告诉年轻人：“我这一辈子遇到了很多艰辛，但那些并不是不幸。”

千万不要有“反正自己就这样了”的想法。即使到了我这个年纪，我仍认为“我还能进步、还能发展”。无论别人怎么说，我也绝对不会去否定自己的可能性。

虽然今后不会再有比现在这个瞬间更为年轻的时候，但我仍然相信自己的可能性，快乐地过着每一天。

过了人生的顶点，人不是走向成熟就是走向衰弱。而我这个经历了人生顶点的老人并没有选择衰弱，而是选择了成熟。